计算机网络技术与虚拟技术的创新研究

高亚平　著

吉林科学技术出版社

图书在版编目（CIP）数据

计算机网络技术与虚拟技术的创新研究 / 高亚平著
. -- 长春：吉林科学技术出版社，2023.6
ISBN 978-7-5744-0649-0

Ⅰ．①计… Ⅱ．①高… Ⅲ．①计算机网络－网络安全
－研究 Ⅳ．① TP393.08

中国国家版本馆 CIP 数据核字（2023）第 136428 号

计算机网络技术与虚拟技术的创新研究

著	高亚平
出 版 人	宛 霞
责任编辑	李万良
封面设计	树人教育
制 版	树人教育
幅面尺寸	185mm × 260mm
开 本	16
字 数	230 千字
印 张	10.25
印 数	1-1500 册
版 次	2023年6月第1版
印 次	2024年2月第1次印刷

出 版 吉林科学技术出版社
发 行 吉林科学技术出版社
地 址 长春市福祉大路5788号
邮 编 130118
发行部电话/传真 0431-81629529 81629530 81629531
 81629532 81629533 81629534
储运部电话 0431-86059116
编辑部电话 0431-81629518
印 刷 三河市嵩川印刷有限公司

书 号 ISBN 978-7-5744-0649-0
定 价 65.00元

前　言

当今社会是信息社会，计算机技术飞速发展并得到广泛应用。笔者依托现代计算机教育的技术和思想，针对目前计算机的发展现状，编写了本书。使学生了解计算机网络技术及虚拟技术的基础知识，掌握在当今社会生活与工作学习中必备的计算机技术基础知识与基本操作技能，培养学生的计算机思维能力，提高学生运用计算机知识和技术解决各专业领域实际问题的能力。

本书首先讲述了网络数据通信、网络互联技术与操作系统，其次介绍了虚拟化技术、基于虚拟化技术的内核数据保护技术、基于虚拟化技术的内核模块安全测试，最后研究了面向传感器的虚拟化技术的应用。本书可供相关领域的计算机技术人员学习、参考。

本书在编写过程中参考借鉴了一些专家学者的研究成果和资料，在此特向他们表示感谢。由于编写时间仓促，编写水平有限，不足之处在所难免，恳请专家和广大读者提出宝贵意见，予以批评指正，以便改进。

目 录

第一章　网络数据通信 ··· 1

　　第一节　数据通信的基本概念 ·· 1

　　第二节　传输介质及其主要特性 ·· 6

　　第三节　数据编码技术 ·· 13

　　第四节　数据传输技术 ·· 17

　　第五节　数据交换技术 ·· 23

　　第六节　无线通信技术 ·· 28

　　第七节　差错控制技术 ·· 33

第二章　网络互联技术与操作系统 ·· 38

　　第一节　网络互联技术 ·· 38

　　第二节　网络互联设备 ·· 40

　　第三节　网络操作系统 ·· 51

　　第四节　Windows Server2016 的安装和配置 ······························ 60

第三章　虚拟化技术概述 ·· 85

　　第一节　虚拟化技术背景 ·· 86

　　第二节　服务器虚拟化 ·· 89

　　第三节　存储虚拟化 ·· 96

　　第四节　网络虚拟化 ·· 98

　　第五节　桌面虚拟化 ··· 101

　　第六节　软件安全的重要性 ··· 103

　　第七节　软件安全的相关研究 ··· 104

第四章　基于虚拟化技术的内核数据保护技术 ································· 109

第一节　方法的概述 ·· 110

第二节　针对内核数据的访问控制模型 ··································· 110

第三节　系统的设计 ··· 111

第四节　系统的实现 ··· 113

第五节　系统的评测 ··· 119

第五章　基于虚拟化技术的内核模块安全测试 ···················· 122

第一节　技术挑战和解决方案 ·· 122

第二节　系统概述 ··· 123

第三节　系统的设计与实现 ··· 124

第四节　系统的评测 ··· 132

第六章　面向传感器的虚拟化技术应用研究 ························· 137

第一节　传感网虚拟化体系结构及解决方案 ····························· 137

第二节　基于 SNMP 的传感网通信协议的改进 ······················· 142

第三节　传感网虚拟化系统的设计与实现 ·································· 149

参考文献 ·· 157

第一章　网络数据通信

网络最终的目的是实现两个终端之间的相互通信。互联网是由许许多多不同类型的传输网络连接而成的网际网。要实现互相通信的两个终端，可能在相距非常远的两个不同网络内部，也可能在同一个网络内部。无论是哪一种情况，千里之行，始于足下，都需要将数据从当前节点传输到下一个节点，无论是从终端到交换机，还是在交换机之间，或者是从交换机到终端。这一章，我们将详细地学习数据传输系统的组成和工作原理，数据和信号之间的相互转换技术，信号经过物理链路的传输过程和传输过程当中需要解决的一些问题，构成物理链路的传输介质的种类以及各自的性能。通过上述学习，能够分析物理层二进制位流传输过程和链路层差错控制过程，并且根据实际应用需求选择不同传输介质类型。

第一节　数据通信的基本概念

一、信息、数据与信号

（一）信息

一般认为，信息是人们对现实世界事物存在方式或运动状态的某种认识。从信息论的角度看，信息是不确定性的消除。信息的载体可以是数值、文字、图形、声音、图像以及动画等。信息不仅能够反映事物的特征、运动和行为，还能够借助媒介传播和扩散。也就是说，信息不是事物本身，而是事物发出的消息、情报、数据、指令、信号等当中包含的意义。

（二）数据

数据是指把事件的某些属性规范化后的表现形式，数据可以被识别，也可以被描述。数据根据其连续性可分为模拟数据与数字数据。模拟数据取连续值，数字数据取离散值。

（三）信号

数据在被传输之前，要变成适合传输的电磁信号，即模拟信号或数字信号，如图1-1所示。信号是数据的电气或电磁表示形式，一般以时间为自变量，以表示信息（数据）的某个参量（振幅、频率或相位）为因变量。

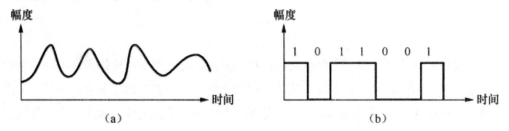

图1-1 模拟信号与数字信号波形图

（a）模拟信号；（b）数字信号

模拟数据和数字数据都可用这两种信号表示。模拟信号的某种参量，如振幅和频率，可以表示要传输的信息。模拟信号是指代表消息的参数取值随时间连续变化的信号。数字信号是指代表消息的参数取值是离散的信号，如计算机通信使用的由二进制代码"0"和"1"组成的信号。数字信号在通信线路上传输时要借助电信号的状态来表示二进制代码的值。电信号可以呈现两种状态，分别用"0"和"1"来表示。

模拟信号和数字信号在一定条件下可以相互转化。模拟信号可以通过采样、量化、编码等步骤变成数字信号，而数字信号可以通过解码、平滑等步骤恢复为模拟信号。

二、基带信号和宽带信号

信号也可以分为基带信号和宽带信号。

（一）基带信号

基带信号（Base band Signal）是指信源发出的没有经过调制的原始信号，如人们说话的声波就是基带信号。基带信号的特点是频率低，信号频谱从零开始，具有低通形式。在近距离范围内基带信号衰减不大，信号内容不会发生变化，因此在传输距离较近时，计算机网络往往采用基带传输方式，如从计算机到监视器、打印机等外设信号都是采用基带传输。大多数局域网也采用基带传输，如以太网、令牌环网等。

（二）宽带信号

宽带信号（Broad band Signal）又称为频带信号。在远距离通信中，由于基带信号具有频率很低的频谱分量，出于抗干扰和提高传输速率的考虑一般不宜直接传输，需要将基带信号变换为频带适合在信道中传输的信号，变换后的信号就是频带信号。频带信号主要用于网络电视和有线电视的信号传输。为了提高传输介质的带宽利用效率，频带信号通常采用多路复用技术。

三、信道及其分类

（一）信道的概念

在许多情况下，我们要使用信道（Information Channel）来表示向某一个方向传输信息的媒体，包括传输介质和通信设备。传输介质可以是有线传输介质，如电缆、光纤等，也可以是无线传输介质，如电磁波。

（二）信道的分类

信道可以按不同方法进行分类，常见的分类方式有如下三种。

1. 有线信道和无线信道

使用有线传输介质的信道称为有线信道，其主要有双绞线、同轴电缆和光缆等。以电磁波在空间传播的方式传输信号的信道称为无线信道，主要包括长波信道、短波信道和微波信道等。

2. 物理信道和逻辑信道

物理信道是指用来传输信号的物理通路，网络中两个节点间的物理通路称为通信链路，物理信道由传输介质及有关设备组成。逻辑信道也是一种通路，但一般是指人为定义的信息传输通路，在信号收发点之间并不存在一条物理传输介质，通常把逻辑信道称为"连接"。

3. 数字信道和模拟信道

传输离散数字信号的信道称为数字信道，利用数字信道传输数字信号时不需要进行变换，通常需要进行数字编码；传输模拟信号的信道称为模拟信道，利用模拟信道传输数字信号时需要经过数字信号与模拟信号之间的变换。

四、数据通信的技术指标

（一）传输速率

传输速率是指信道中传输信息的速率，是描述数据传输系统的重要技术指标之一。传输速率一般有两种表示方法，即信号速率和调制速率。

信号速率是指单位时间内传输的二进制位代码的有效位数，单位为比特 / 秒（b/s）。一般应用于数字信号的速率表示。

调制速率是指每秒传输的脉冲数，即波特率，单位为波特／秒（Baud/s），是指信号在调制过程中调制状态每秒转换的次数。波特即模拟信号的一个状态，不仅表示一位数据，而且代表了多位数据。所以，"波特"和"比特"的意义不同，模拟信号的速率通常用调制速率表示。

（二）信号带宽

信号带宽是指在信道中传输的信号在不失真的情况下占用的频率范围，单位用赫兹（Hz）表示。数据通信中的带宽就是所能传输电磁波最大有效频率减去最小有效频率得到的值。

（三）信道容量

信道容量是衡量一个信道传输数字信号的重要参数。信道的传输能力是有一定限制的，即信道传输数据的速率有上限，也就是单位时间内信道上所能传输的最大比特数，单位为比特／秒（b/s），将其称为信道容量。无论采用何种编码技术，传输数据的速率都不可能超过信道容量上限，否则信号就会失真。

信道的容量与信道带宽成正比，即信道带宽越宽，信道容量就越大。

（四）通信方式

通信方式是指通信双方的信息交互方式。按照信号传输方向与时间的关系，可以将数据通信分为以下三种基本方式。

1. 单向通信

单向通信又称为单工通信，即只能有一个方向的通信而没有反方向的交互。无线电广播或有线电广播以及电视广播就属于这种类型。单向通信方式如图 1-2 所示。

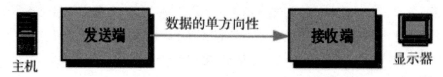

图1-2　单向通信方式

2. 双向交替通信

双向交替通信又称为半双工通信，即通信双方都可以发送信息，但不能双方同时发送（也不能同时接收）。这种通信方式是一方发送另一方接收，过一段时间后也可以反过来。双向交替通信方式如图 1-3 所示。

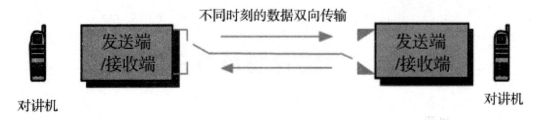

图1-3 双向交替通信方式

3. 双向同时通信

双向同时通信又称为全双工通信，即通信的双方可以同时发送和接收信息。

单向通信只需要一条信道，而双向交替通信和双向同时通信则需要两条信道（每个方向各一条）。显然，双向同时通信的传输效率最高。双向同时通信方式如图1-4所示。

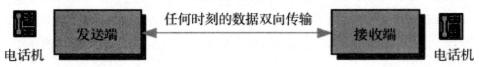

图1-4 双向同时通信方式

计算机通常用8位二进制代码（1字节）来表示一个字符。按照字节使用的信道数，可以将数据通信分为串行通信和并行通信。

将待传输的每个字符的二进制代码按由低到高的顺序依次发送，这种工作方式称为串行通信。在远程通信中，一般采用串行通信方式。但在计算机内部，往往采用并行通信的方式。并行通信是指数据以成组的方式在多个并行信道上同时传输，在数据远距离传输之前，要即时将计算机中的字符进行并/串转换，在接收端同样进行串/并转换，还原成计算机的字符结构。

同步是数据通信必须解决的一个问题。所谓同步，就是要求通信收发双方在时间基准上保持一致。常见的同步技术有异步通信方式和同步通信方式。

在异步通信方式中，每传输1个字符都要在每个字符前加1个起始位，以表示字符代码的开始；在字符代码和校验位后面加1个或2个停止位，表示字符结束。接收方根据起始位和停止位来判断一个新字符的开始和结束，从而起到通信双方的同步作用。在同步通信方式中，传输信息格式是由一组字符或1个二进制位组成的数据块（帧），通过在数据块之前先发送1个同步字符SYN或1个同步字节，用于接收方的同步检测，从而使收发双方进入同步状态。在发送数据完毕后，再使用同步字符或字节来标识整个发送过程的结束。

异步通信方式的实现比较简单，适合于低速通信。而同步通信方式附加位少，一般用在高速传输数据的系统中，如计算机间的数据通信。

第二节　传输介质及其主要特性

信号要经过信道传输，而信道则由不同的传输介质构成，传输介质的质量也会影响数据传输的质量。

一、传输介质的主要类型

常见的网络传输介质可分为有线传输介质和无线传输介质。有线传输介质主要有双绞线（Twisted Pair）、同轴电缆（Coaxial Cable）及光纤（Fiber Optics），其中，双绞线包括屏蔽双绞线和非屏蔽双绞线。常见的有线传输介质如图 1-5 所示。无线传输介质有无线电波、红外线等。

图1-5　常见的有线传输介质

（a）同轴电缆；（b）非屏蔽双绞线；（c）屏蔽双绞线；（d）光缆

二、双绞线

（一）双绞线的物理特性

双绞线是由相互绝缘的两根铜线按一定扭矩相互绞合在一起的类似于电话线的传输介质。为了减少信号传输中串扰及电磁干扰（EMI）影响的程度，通常将这些线按一定的密度互相缠绕在一起。每根铜线加绝缘层并用颜色来标记，如图 1-6 所示。

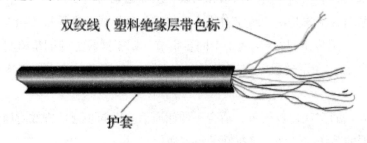

图1-6　双绞线结构示意图

双绞线是模拟和数字数据通信最普通的传输介质，它的主要应用范围是电话系统中的模拟语音传输，最适合于较短距离的信息传输，若超过几千米信号就会发生衰减，这时就要使用中继器来放大信号和再生波形。双绞线的价格在传输介质中是最便宜的，并且安装简单，所以能得到广泛的使用。

在局域网中一般都采用双绞线作为传输介质。双绞线可分为非屏蔽双绞线（Unshieded Twisted Pair，UTP）和屏蔽双绞线（Shieded Twisted Pair，STP），双绞线的结构如图1-7所示。两者的差异在于屏蔽双绞线在双绞线和外皮之间增加了一个铅箔屏蔽层，如图1-7（a）所示，目的是提高双绞线的抗干扰性能。

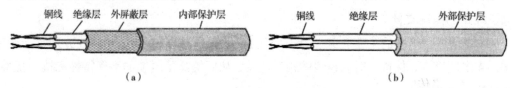

图1-7 双绞线的结构示意图

（a）屏蔽双绞线；（b）非屏蔽双绞线

（二）非屏蔽双绞线的类型

按照 EIA/TIA（电气工业协会/电信工业协会）568A 标准，非屏蔽双绞线共分为 1 ~ 7 类。

1.1 类线

可用于电话传输，但不适合数据传输，这一级电缆没有固定的性能要求。

2.2 类线

可用于电话传输且传输速率最高为 4Mb/s，包括 4 对双绞线。

3.3 类线

可用于最高传输速率为 10Mb/s 的数据传输，包括 4 对双绞线，常用于 10Base-T 以太网的语音和数据传输。

4.4 类线

可用于 16Mb/s 的令牌环网和大型 10Base-T 以太网，包括 4 对双绞线。其传输速率可达 20Mb/s。

5.5 类线

既可用于 100Mb/s 的快速以太网连接又支持 150Mb/s 的 ATM 数据传输，包括 4 对双绞线，是连接桌面设备的首选传输介质；超 5 类线是对现在 5 类线近端串扰、衰减串扰比、回波损耗等部分性能的改善，其他特性与 5 类线相同。

6.6 类线

在外形和结构上与 5 类和超 5 类双绞线有一定的差别，与 5 类和超 5 类线相比，它具有传输距离长、传输损耗小、耐磨、抗干扰能力强等特性，常用在千兆位以太网和万兆位以太网中；超 6 类线也称为 6a，能支持万兆上网，最大带宽达到 500MHz，是 6 类线的 2 倍。

7.7 类线

7 类线是一种 8 芯屏蔽线，每对都有一个屏蔽层，接口与其他线缆相同，提供 600MHz 整体带宽，是 6 类线的 2 倍以上。

其中，计算机网络常用的是 3 类线（CAT3）、5 类线（CAT5）、超 5 类线（CAT5e）和 6 类线（CAT6）。5 类线和 3 类线的最主要区别就是 5 类线大大增加了每单位长度的绞合次数，并且其线对间的绞合度和线对内两根导线的绞合度都经过了精心设计，这样大大提高了线路的传输质量。

6 类线增加了绝缘的十字骨架，且电缆的直径更粗，将双绞线的 4 对线分别置于十字骨架的 4 个凹槽内，保持 4 对双绞线的相对位置，从而提高了电缆的平衡特性和抗干扰性，而且传输的衰减也更小。

（三）双绞线组网常用的连接设备

使用双绞线组网时，必须使用 RJ-45 水晶头，如图 1-8 所示。另外，还需要一个非常重要的设备——集线器，也称为交换机，如图 1-9 所示。

图1-8　RJ-45水晶头

图1-9　集线器/交换机

三、同轴电缆

（一）同轴电缆的物理特性

同轴电缆是由绕同一轴线的两个导体所组成的，即内导体（铜芯导线）和外导体（屏蔽层），外导体的作用是屏蔽电磁干扰和辐射，两导体之间用绝缘材料隔离，如图1-10所示。同轴电缆绝缘效果好、频带宽、数据传输稳定、价格适中、性价比高，具有极好的抗干扰特性，是早期局域网中普遍采用的一种传输介质。

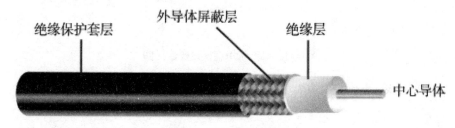

图1-10　同轴电缆结构

同轴电缆的规格是指电缆粗细程度的度量，按射频级测量单位（RG）来度量，RG越高，铜芯导线越细；RG越低，铜芯导线越粗。同轴电缆可分为两类：粗缆和细缆。经常提到的10Base-2和10Base-5以太网就是分别使用细同轴电缆（简称细缆）和粗同轴电缆（简称粗缆）组网的。用同轴电缆组网，需要在两端连接50Ω的反射电阻，这就是通常所说的终端匹配器。

使用同轴电缆组网的其他连接设备，细缆与粗缆的不尽相同，即使名称一样，其规格、大小也是有差别的。

（二）细缆连接设备及技术参数

采用细缆组网时，除了需要电缆外，还需要BNC头、T型头、带BNC端口的以太网卡和终端匹配器等，如图1-11所示。

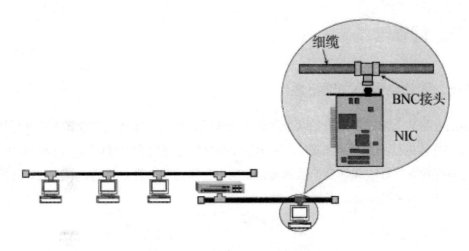

图1-11 细缆常用连接设备连接图

采用细缆组网的技术参数如表 1-1 所示。

表1-1 采用细缆组网的技术参数

细缆组网	具体参数
最大的网段长度	185m
网络的最大长度	925m
每个网段支持的最大节点数	30
BNC、T型连接器之间的最小距离	0.5m

（三）粗缆连接设备及技术参数

采用粗缆组网时，粗缆采用一种类似夹板的 Tap 装置进行安装，有一个外置收发器，利用 Tap 上的引导针穿透电缆的绝缘层，直接与导体相连，如图 1-12 所示，这种连接方式可靠性好，抗干扰能力强。

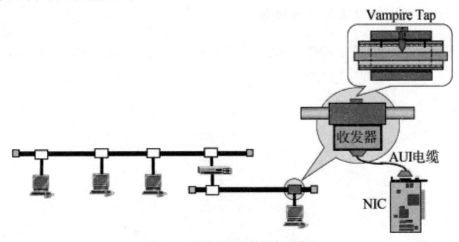

图1-12 粗缆常用连接设备连接图

采用粗缆组网的技术参数如表 1-2 所示。

表1-2 采用粗缆组网的技术参数

粗缆组网	具体参数
最大的网段长度	500m
网络的最大长度	2500m
每个网段支持的最大节点数	100
收发器之间的最小距离	2.5m
收发器电缆的最大长度	50m

四、光纤

（一）光纤的物理特性

光纤是一种由石英玻璃纤维或塑料制成的，直径很细，能传导光信号的媒体，如图 1-13 所示。一根光缆中至少应包括两条独立的导芯，一条发送信号，另一条接收信号。

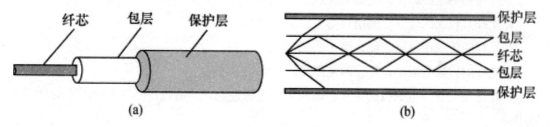

图1-13 光纤的结构

（a）光纤的外部结构；（b）光纤的内部结构

一根光缆可以容纳两根至数百根光纤，并用加强芯和填充物来提高机械强度。光束在玻璃纤维内传输，防磁防电、传输稳定、质量高，因此光纤多适用于高速网络和骨干网。

根据使用的光源和传输模式的不同，光纤可分为多模光纤和单模光纤。

单模光纤采用注入式激光二极管作为光源，激光的定向性强。单模光纤芯线的直径非常接近光波的波长，当激光束进入玻璃芯中的角度差别很小时，光线不必经过多次反射式的传播，而是一直向前以单一的模式无反射地沿直线传播，如图 1-14 所示。

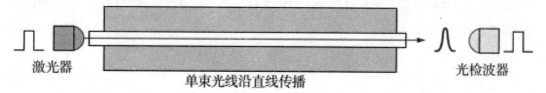

图1-14 单模光纤传播

多模光纤采用发光二极管产生可见光作为光源，当光纤芯线的直径比光波波长大很多时，由于光束进入芯线中的角度不同，且传播路径也不同，这时光束是以多种模式在芯线内通过不断反射向前传播的，如图 1-15 所示。

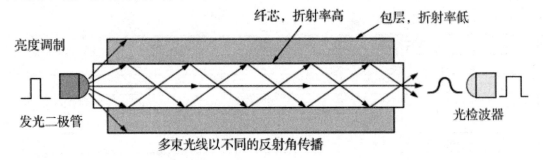

图1-15　多模光纤传播

单模光纤性能很好，传输速率较高，适用于长距离传输，但其制作工艺比多模光纤复杂，成本较高；而多模光纤成本较低，但性能比单模光纤差一些。

（二）光纤的特点

光纤与同轴电缆相比，有如下优点：

1. 光纤有较大的带宽，通信容量大；

2. 光纤的传输速率高，能达到千兆位 / 秒；

3. 光纤的传输衰减小，连接的范围更广；

4. 光纤不受外界电磁波的干扰，因而电磁绝缘性能好，适宜在电气干扰严重的环境中使用；

5. 光纤无串音干扰，不易被窃听和截取数据，因而安全保密性好。

（三）光纤的规格

多模光纤分为 50/125、62.5/125 两种规格，主要用于短距离传输，如综合布线、设备连接等。单模光纤规格有 G652、G655、G657 三种规格。

G652 现在主要是 G652D 规格，还有部分厂家提供 G652B 光纤。G652 光纤的用量最多，一般用于城市里各种光网络的建设。

G655 现在规格是 G655C，主要用于长途干线，如跨省、国家干线。

G657 也有几种规格，主要是用于 FTTH 光纤到户，因其弯曲半径较小，可以像电话线一样随意处置而不易受损。

第三节　数据编码技术

一、数据编码类型

数据是信息的载体，计算机中的数据以离散的"0"和"1"二进制比特序列方式表示。为了正确传输数据，必须对原始数据进行编码，而数据编码类型取决于通信子网的信道所支持的数据通信类型。

根据数据通信类型的不同，通信信道可分为模拟信道和数字信道。相应地，数据编码方法也分为模拟数据编码和数字数据编码两类。

网络中基本的数据编码方法如图 1-16 所示。

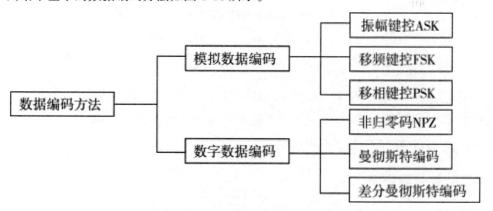

图1-16　网络中基本的数据编码方法

二、数字数据的模拟信号编码

要进行远程数据传输，常常要利用公用电话交换网。也就是说，必须首先利用调制解调器（Modem）将发送端的数字调制成能够在公用电话交换网上传输的模拟信号，经传输后再在接收端利用 Modem 将模拟信号解调成对应的数字信号。数据传输过程如图 1-17 所示。

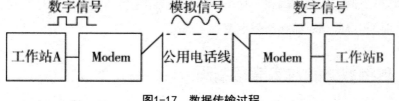

图1-17　数据传输过程

模拟信号传输的基础是载波，载波可以表示为

u（t）=Vsin（ωt+φ）

其中，载波具有三大要素：振幅 V、角频率 ω 和相位 φ。

通过变化载波的三个要素来进行编码，就出现了振幅键控法、移频键控法和移相键控法三种基本的编码方法。数字数据的模拟信号编码如图 1-18 所示。

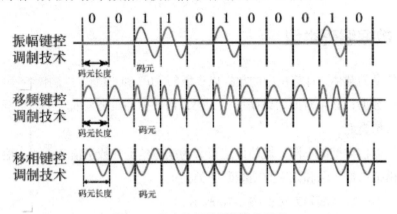

图1-18　数字数据的模拟信号编码

（一）振幅键控法

振幅键控法（Amplitude ShiftKeying，ASK）就是通过改变载波的振幅 V 来表示数字 1、0。例如，保持角频率 ω 和相位 φ 不变，当 V 不等于零时表示 1，当 V 等于零时表示 0。如图 2-18 中振幅键控调制技术编码所示。

（二）移频键控法

移频键控法（Frequency Shift Keying，FSK）就是通过改变载波的角频率 ω 来表示数字 1、0，例如，保持振幅 V 和相位 φ 不变，当 ω 等于某值时表示 1，当 ω 等于另一个值时表示 0。如图 2-18 中移频键控调制技术编码所示。

（三）移相键控法

移相键控法（Phase Shift Keying，PSK）就是通过改变载波的相位 φ 的值来表示数字 1、0。如图 2-18 中移相键控调制技术编码。

PSK 包括绝对调相和相对调相两种类型。绝对调相是指用相位的绝对值表示数字 1、0，相对调相是指用相位的相对偏移值表示数字 1、0。

三、数字数据的数字信号编码

数字信号可以利用数字信道来直接传输（基带传输），此时需要解决的问题是数字数

据的数字信号表示及收发两端之间的信号同步两个方面。

在基带传输中，数字数据的数字信号编码主要有非归零码（Non-Return to Zero，NRZ）、曼彻斯特编码（Manchester）和差分曼彻斯特编码（Differential Manchester）三种方式。数字数据的数字信号编码如图 1-19 所示。

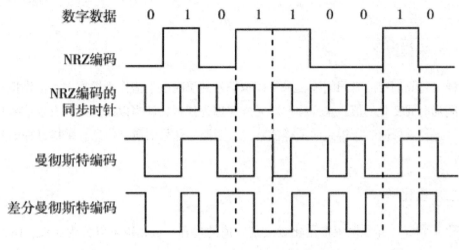

图1-19　数字数据的数字信号编码

（一）非归零码

非归零码可以用低电平表示"0"，用高电平表示"1"，但必须在发送非归零码的同时，用另一个信号同时传输同步信号。如图 1-19 中 NRZ 编码所示。

（二）曼彻斯特编码

曼彻斯特编码的规则：每比特的周期 T 分为前 T/2 与后 T/2。前 T/2 传输该比特的反码，后 T/2 传输该比特的原码。如图 1-19 中曼彻斯特编码所示。

（三）差分曼彻斯特编码

差分曼彻斯特编码的规则：每比特的值根据其开始边界是否发生电平跳变来决定。在一个比特开始处出现电平跳变表示"0"，不出现跳变表示"1"，每比特中间的跳变仅用作同步信号。如图 1-19 中差分曼彻斯特编码所示。

差分曼彻斯特编码和曼彻斯特编码都属于"自含时钟编码"，发送时不需要另外发送同步信号。

四、脉冲编码调制

脉冲编码调制（Pulse Code Modulation，PCM）是将模拟数据数字化的主要方法。由于数字信号传输失真小、误码率低且数据传输速率高，因此在网络中除计算机直接产生的数字信号外，语音、图像信息必须数字化才能经计算机处理。PCM 的特点是把连续输入的模拟数据变换为在时域和振幅上都离散的量，然后将其转化为编码形式传输。

脉冲编码调制一般通过采样、量化和编码三个步骤将连续变化的模拟数据转换为数字数据。

（一）采样

采样是每隔固定的时间间隔，采集模拟信号的瞬时电平值作为样本，表示模拟数据在某一区间随时间变化的值。采样频率以采样定理为依据，即当以高过两倍有效信号频率对模拟信号进行采样时，所得到的采样值就包含了原始信号的所有信息。采样过程如图 1-20（a）所示。

（二）量化

量化是将取样样本振幅按量化级决定取值的过程。量化级可以分为 8 级、16 级，或者更多，这取决于系统的精确度要求。为便于用数字电路实现，其量化电平数一般为 2 的整数次幂，这样有利于采用二进制编码表示。量化过程如图 1-20（b）所示。

（三）编码

编码是用相应位数的二进制码来表示已经量化的采样样本的级别。例如，量化级是 64，则需要 8 位编码。经过编码后，每个样本就由相应的编码脉冲表示。编码过程如图 1-20（c）所示。

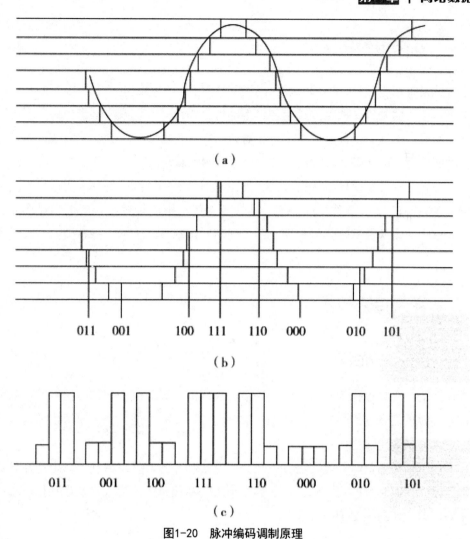

（a）

011 001 100 111 110 000 010 101

（b）

011 001 100 111 110 000 010 101

（c）

图1-20 脉冲编码调制原理

（a）模拟数据的采样；（b）模拟数据的量化；（c）模拟数据的编码

第四节 数据传输技术

数据传输技术是指数据发送端与数据接收端之间通过一个或多个数据信道或链路、共同遵循一个通信协议而进行的数据传输技术。根据传输信号的性质，数据传输技术可划分为基带传输技术和频带传输技术。为了实现传输资源共享，可采用多路复用技术，将若干彼此无关的信号合并为一个在公用信道上传输。

一、基带传输技术

基带就是指基本频带，即信源发出的没有经过调制的原始电信号所固有的频带（频带带宽）。基带传输是指在通信线路上原封不动地传输由计算机或终端产生的"0"或"1"数字脉冲信号。这样一个信号的基本频带可以从零（直流成分）到数兆赫兹，频带越宽，传输线路的电容、电感等对传输信号波形衰减的影响就越大。

基带传输是一种最简单的传输方式，近距离通信的局域网一般都采用这种方式。基带传输系统的优点是安全简单、成本低。其缺点是传输距离较短（一般不超过2km），传输介质的整个带宽都被基带信号占用，并且任何时候都只能传输一路基带信号，信道利用率低。

二、频带传输技术

（一）频带传输的概念

频带传输，有时也称为宽带传输，是指将数字信号调制成音频信号后再发送和传输，到达接收端时再把音频信号解调成原来的数字信号。我们将这种利用模拟信道传输数字信号的方法称为频带传输技术。

在实现远距离通信时，经常需要依托公用电话网，此时就需要利用频带传输方式。采用频带传输时，调制解调器（Modem）是最典型的通信设备，要求在发送和接收端都要安装调制解调器，如图1-21所示。

图1-21　依托公用电话网进行远距离通信

（二）调制解调器的基本功能

在频带传输过程中，计算机通过调制解调器与电话线连接，其主要有以下三个功能。

1. 调制和解调

调制，就是将计算机中输出的"1"和"0"脉冲信号调制成相应的模拟信号，以便在电话线上传输。解调，就是将电话线传输的模拟信号转化成计算机能识别的由"1"和"0"组成的脉冲信号。调制和解调的功能通常由一块数字信号处理（DSP）芯片来完成。

2. 数据压缩

数据压缩指的是发送端的调制解调器在发送数据前先将数据进行压缩，而接收端的调制解调器收到数据后再将数据还原，从而提高了调制解调器的有效数据传输率。

3. 差错控制

差错控制指的是将数据传输中的某些错码检测出来，并采用某种方法进行纠正，以提高差错控制的实际传输质量。

差错控制功能通常由一块控制芯片完成。当这些功能由固化在调制解调器中的硬件芯片完成时，即调制解调器所有功能都由硬件来完成，这种调制解调器称为硬"猫"。当硬件芯片中只固化了 DSP 芯片，其协议控制部分由软件来完成时，这种调制解调器称为半软"猫"；如果两部分功能都由软件来完成，则这种调制解调器称为软"猫"。

（三）调制解调器的分类

调制解调器有各种各样的分类方法，其中有代表性的有以下几种。

1. 按接入 Internet 的方式分类

调整解调器按接入 Internet 的方式可分为拨号调制解调器和专线调制解调器。

拨号调制解调器主要用于通过公共电话网（Public Switched Telephone Network，PSTN）上传输数据，具有在性能指标较低的环境中进行有效操作的特殊性能。多数拨号调制解调器具备自动拨号、自动应答、自动建立连接和自动释放连接等功能。

专线调制解调器主要用在专用线路或租用线路上，不必带有自动应答和自动释放连接功能。专线调制解调器的数据传输速率比拨号的高。

2. 按数据传输方式分类

调制解调器按数据传输方式可分为同步调制解调器和异步调制解调器。

同步调制解调器能够按同步方式进行数据传输，速率较高，一般用在主机到主机的通信上。但它需要同步电路，故设备复杂、造价较高。

异步调制解调器是指能随机以突发方式进行数据传输，所传输的数据以字符为单位，用起始位和停止位表示一个字符的起止。它主要用于终端到主机或其他低速通信的场合，故设备简单、造价低廉。目前市场上大部分调制解调器都支持这两种数据传输方式。

3. 按通信方式分类

调制解调器按通信方式可分为单工、半双工和全双工调制解调器。

单工调制解调器可以智能接收或发送数据；半双工调制解调器可收可发，但不能同时接收和发送数据；全双工调制解调器则可同时接收和发送数据。

在这 3 类调制解调器中，只支持单工的很少，大多数都支持半双工和全双工方式。全双工工作方式与半双工方式相比，不需要线路换向时间、响应速度快、延迟小。全双工的缺点是双向传输数据时需要占用共享线路的带宽，设备复杂、价格昂贵。相对而言，支持半双工方式的调制解调器具有设备简单、造价低的优点。

4. 按接口类型分类

调制解调器按接口类型可分为外置、内置和 PC 卡式移动调制解调器等。

外置调制解调器的背面有与计算机、电话等设备连接的接口和电源插口，安装、拆卸比较方便，可随时移动，也可与任何位置的任何计算机相接。且其面板上有一排指示灯，根据其状态，可以很方便地判断调制解调器的工作状态和数据传输情况。

内置调制解调器则直接插入计算机的扩展槽，不占空间，不需要独立电源，通过主板和总线与计算机连接。

PC 卡式移动调制解调器主要用于笔记本电脑，体积纤巧，配合移动电话，可方便地实现移动办公。

相对而言，内置调制解调器的数据传输速率要高于外置调制解调器，但占用了计算机的扩展槽。

三、多路复用技术

多路复用是指在数据传输系统中，允许两个或多个数据源共享同一个传输介质，把若干个彼此无关的信号合并起来，在一个公用信道上进行传输，就像每一个数据源都有自己的信道一样。也就是说，利用多路复用技术可以在一条高带宽的通信线路上同时传播声音、数据等多个有限带宽的信号，充分利用通信线路的带宽，减少不必要的铺设或架设其他传输介质的费用。

多路复用一般可分为四种基本形式：频分多路复用（Frequency Division Multiplexing，FDM）、时分多路复用（Time Division Multiplexing，TDM）、波分多路复用（Wavelength Division Multiplexing，WDM）、码分多路复用（Code Division Multiplexing，CDM）。

（一）频分多路复用

任何信号都只占据一个宽度有限的频率，而信道可利用的频率比一个信号的频率宽得多，频分多路复用恰恰利用这一特点，通过频率分割方式实现多路复用。

多路数字信号被同时输入频分多路复用编码器中，经过调制后，每一路数字信号的频率分别被调制到不同的频带，这样就可以将多路信号合起来放在一条信道上传输。接收方的频分多路复用解码器再将接收到的信号恢复成调制前的信号，如图 1-22 所示。

频分多路复用主要用于宽带模拟线路中，如有线电视系统中使用的传输介质是粗同轴电缆，传输模拟信号时带宽可达到 300 ～ 400MHz，一般每 6MHz 的信道可传输一路模拟电视信号，则该有线电视线路可划分为 50 ～ 80 个独立信道，传输 50 多个模拟电视信号。

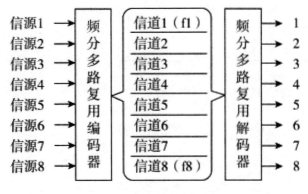

图1-22 频分多路复用原理图

（二）时分多路复用

频分多路复用以信道频带作为分割对象，通过为多个信道分配互补重叠的频率范围来实现多路复用，更适用于模拟信号的传输。而时分多路复用则以信道传输的时间作为分割对象，通过为多个信道分配互不重叠的时间片的方法来实现多路复用。因此，时分多路复用更适合于数字信号的传输。

时分多路复用的基本原理是将信道用于传输的时间划分为若干个时间片，给每个用户分配一个或几个时间片，使不同信号在不同时间段内传输。在用户占有的时间片内，用户使用通信信道的全部带宽来传输数据，如图 1-23 所示。

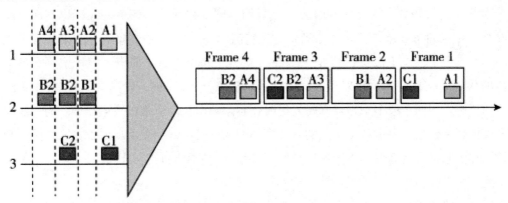

图1-23 时分多路复用原理图

（三）波分多路复用

在光纤信道上使用的频分多路复用的一个变种就是波分多路复用。波分多路复用的基本原理：不同的信号使用不同波长的光波来传输数据，在传输端，两根光纤连接一个棱柱或衍射光栅，每根光纤里的光波处于不同的波段上，这样两束光通过棱柱或衍射光栅合到一根共享的光纤上，到达目的地后，再将两束光分解开来，如图 1-24 所示。

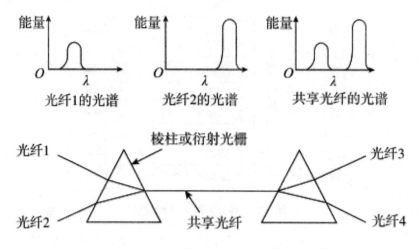

图1-24　波分多路复用原理图

只要每个信道有各自的频率范围且互不重叠，信号就能以波分多路复用的方式通过共享光纤进行远距离传输。波分多路复用与频分多路复用的区别在于：波分多路复用是在光学系统中利用衍射光栅来实现多路不同频率的广播信号的分解和合成，并且光栅是无源的，因此可靠性较高。

（四）码分多路复用

码分多路复用是另一种共享信道的方法，人们常将这种方法称为码分多址（CDMA）。码分多路复用与频分多路复用和时分多路复用不同，它既共享信道的频率也共享时间，是一种真正的动态复用技术。其原理是每比特时间被分成 m 个更短的时间槽，称为码片（Chip），通常情况下每比特有 64 或 128 个码片。每个站点（通道）被指定一个唯一的 m 位的代码或码片序列。当发送"1"时站点就发送码片序列，发送"0"时就发送码片序列的反码。当两个或多个站点同时发送时，各路数据在信道中被线形相加。为了从信道中分离出各路信号，要求各个站点的码片序列相互正交。每一个用户可以在同样的时间内使用同样的频带进行通信。由于各用户使用特殊挑选的不同码型，因此各用户之间不会造成干扰。

码分多路复用最初用于军事通信，因此这种系统发送的信号有很强的抗干扰能力，其频谱类似于白噪声，不易被敌人发现。随着技术的进步，CDMA 设备已广泛应用在民用移动通信中，特别是在无线局域网中。采用 CDMA 可提高通信的话音质量和数据的可靠性，减少干扰对通信的影响，增大通信系统的容量，降低手机平均发射功率。

第五节 数据交换技术

要实现网络上任何两台终端之间的数据通信，就要在两个终端之间建立数据传输通路。传输通路建立以后，要控制数据从发送端沿着传输通路发送到接收端。为了实现网络的这一目标，必须建立两种机制：一是建立连接在网络上的任何两个终端之间的数据传输通路的机制；二是控制数据沿着发送端至接收端传输通路完成传输过程的机制。交换的本质就是这两种机制的结合。通信子网是由若干网络节点和链路按照一定的拓扑结构互连起来的网络。按照通信子网中网络节点对进入子网的数据的转发方式不同，可以将数据交换方式分为电路交换（Circuit Switching）和存储转发交换（Store-and-forward Switching）两大类。

一、电路交换

电路交换也称为线路交换，是一种直接的交换方式，与电话交换方式的工作过程类似。两台计算机在通过通信子网交换数据之前，要先在通信子网中通过各交换设备间的线路连接，建立一条实际的专用物理通路。

电路交换最重要的特点是在一对主机之间建立一条专用数据通路，实现数据通信需经过线路建立（即建立连接）、数据传输、线路释放（即释放连接）3个步骤，如图1-25所示。

电路交换的优点是实时性好，适用于实时或交互式会话类通信，如数字语音、传真等通信业务。其缺点如下。

1. 电路交换中，呼叫时间远大于数据的传输时间，通信线路的利用率不高，并且整个系统也不具备存储数据的能力，无法发现与纠正传输过程中发生的数据差错，系统效率较低。

2. 对通信双方而言，电路交换必须做到双方的收发速度、编码方法、信息格式和传输控制等一致才能完成通信。

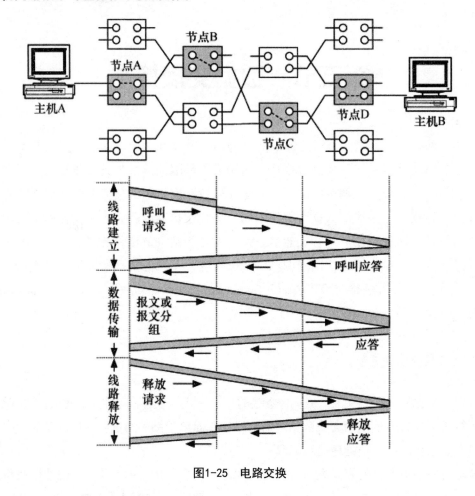

图1-25　电路交换

二、存储转发交换

存储转发交换是指网络节点（交换设备）先将途经的数据按传输单元接收并存储下来，然后选择一条适当的链路转发出去。根据转发的数据单元的不同，存储/转发方式交换又可分为报文交换（Message Switching）和分组交换（Packet Switching）两类。

（一）报文交换

报文交换是指网络中的每一个节点先将整个报文（Message）完整地接收并存储下来，然后选择合适的链路转发到下一个节点。每个节点都对报文进行存储转发，最终到达目的地，如图1-26所示。

在报文交换中，中间设备必须要有足够的内存，以便将接收到的整个报文完整地存储下来，然后根据报文的头部控制信息，找出报文转发的下一个交换节点。若一时没有空闲的链路，报文就只能暂时存储，等待发送。因此，一个节点对于一个报文造成的时延往往是不确定的。

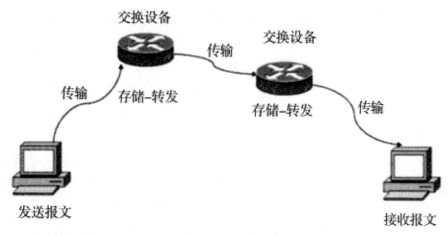

图1-26　报文交换

报文交换的优点有如下 3 点。

1. 源节点和目的节点在通信时不需要建立一条专用的通路，与电路交换相比，报文交换没有建立连接和释放连接所需的等待和时延。

2. 线路的利用率高，任何时刻一份报文只占用一条链路的资源，不必占用通路上的所有链路资源，提高了网络资源的共享性。

3. 数据传输的可靠性高，每个节点在存储转发中，都进行差错控制，即进行检错和纠错。

报文交换的缺点：由于每一个节点都采用了对完整报文的存储/转发，因此报文交换的传输时延较长，报文交换方式适合于电报等非实时的通信业务，不适合传输话音、传真等实时的或交互式的业务。

（二）分组交换

分组交换又称为包交换，与报文交换同属于存储/转发式交换，它们之间的差别在于参与交换的数据单元长度不同。分组交换不像报文交换以"整个报文"为单位进行交换传输，而是划分为更短的、标准的"报文分组"（Packet）进行交换传输。这些数据分组称为包，每个分组除含有一定长度的需要传输的数据外，还包括一些控制信息和目的地址。一个分组的长度范围是 1000 ~ 2000bit。这些数据分组可以通过不同的路由器先后到达同一目的地址，数据分组到达目的地后进行合并还原，以确保收到的数据在整体上与发送的数据完全一致。

在分组交换中，根据网络中传输控制协议和传输路径的不同，分组交换又可分为数据报（Datagram）分组交换和虚电路（Virtual Circuit）分组交换两种方式。

1. 数据报分组交换

在数据报分组交换方式中，每个报文分组被称为一个数据报，若干个数据报构成一次要传输的报文或数据块。每个数据报在传输的过程中，都要进行路径选择，各个数据报可以按照不同的路径到达目的地。各数据报不能保证按发送的顺序到达目的节点，有些数据报甚至还可能在途中丢失。在接收端，再按分组的顺序将这些数据报组重新合成一个完整的报文，如图 1-27 所示。

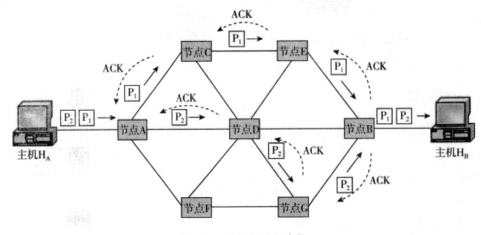

图1-27　数据报分组交换

数据报分组的特点如下。

（1）每个分组都必须带有数据、源地址和目的地址，其长度受到限制，一般为 2000bit 以内，典型长度为 128 个字节。

（2）同一报文的分组可以由不同的传输路径通过通信子网，到达目的节点时可能出现乱序、重复或丢失现象。

（3）传输延迟较大，适用于突发性通信，不适用于长报文、会话式通信。

2. 虚电路分组交换

虚电路多组交换方式试图将数据报多组交换方式与电路交换方式的优点结合起来，发挥两者的优势，达到最佳数据交换的效果。在数据报分组交换方式中，数据报在分组发送之前，不需要预先建立连接；而在虚电路分组交换方式中，发送分组之前，首先必须在发送方和接收方建立一条通道。虚电路是为了传输某一报文而设立和存在的，它是两个用户节点在开始互相发送和接收数据之前需要通过通信网络建立的一条逻辑上的连接，所有分组都必须沿着事先建立的这条虚电路传输，用户在不需要发送和接收数据时清除该连接。在这一点上，虚电路分组交换方式和电路交换方式时相同的。

整个通信过程分为虚电路建立、数据传输、虚电路拆除 3 个步骤，如图 1-28 所示。

但与电路交换不同的是，虚电路建立的通路不是一条专用的物理线路，而只是一条路径，在每个分组沿此路径转发的过程中，经过每个节点时仍然需要存储，并且等待队列输出。通路建立后，每个分组都由此路径到达目的地。因此，在虚电路分组交换中各个分组是按照发送方的分组顺序依次到达目的地的，这一点和数据报分组交换不同。

虚电路分组交换的特点如下。

（1）虚电路在每次报文分组发送之前，必须在源节点与目的节点间建立一条逻辑连接。

（2）报文分组不必带目的地址、源地址等辅助信息，只需要携带虚电路标识符。报文分组到达目的节点时也不会出现丢失、重复或乱序的现象。

（3）报文分组通过每个虚电路上的节点时，节点只需要作差错检测，而不需要作路径选择。

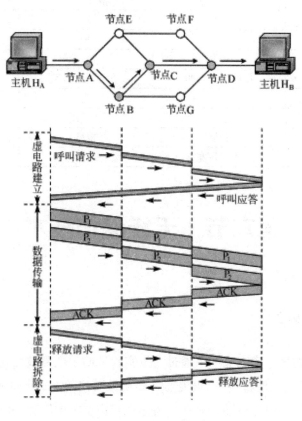

图1-28　虚电路分组交换

分组交换与报文交换相比的优点如下。

（1）分组交换比报文交换减少了时间延迟。当第一个分组发送给第一个节点后，接着可发送第二个分组，随后可发送其他分组，这样多个分组可同时在网中传播，总的延时大大减少，网络信道的利用率大大提高。

（2）分组交换把数据的长度限制在较小的范围内，这样每个节点所需要的存储量减少了，有利于提高节点存储资源的利用率。

（3）当数据出错时，只需要重传错误分组，而不必重发整个报文，这样有利于迅速进行数据纠错，大大减少每次传输发生错误的概率以及重传信息的数量。

（4）易于重新开始新的传输。可让紧急报文迅速发送出去，不会因传输优先级较低而被堵塞。

（三）三种交换方式的比较

数据交换技术有电路交换和存储转发交换中的报文交换和分组交换，这3种交换方式在技术特征上各有侧重，如表 1-3 所示，应用在不同的时机和领域。

表1-3　三种交换方式性能

项目	交换方式		
	电路交换	报文交换	分组交换
持续时间	较长	较短	较短
传输延时	短	长	短
传输可靠性	较高	较高	高
过载反应	拒绝接受呼叫	节点延时增长	采用流控技术
线路利用率	低	高	高
实时性业务	适用	不适用	适用
实现费用	较低	较高	较高
传输带宽	固定带宽	动态使用带宽	动态使用带宽

第六节　无线通信技术

一、电磁波谱

1862 年，英国物理学家麦克斯韦通过大量实验证明了电磁波的存在，并断言电磁波的传播速度等于光速，光波就是一个电磁波。电磁波传播的方式有两种：一种是在有限空间领域内传播，即通过有线方式传播；另一种是在自由空间中传播，即通过无线方式传播。

描述电磁波的参数有 3 个，分别是波长（Wavelength）、频率（Frequency）和光速（Speed of Light）。

三者间的关系为

$$c=\lambda f$$

其中，λ 为波长，f 为频率，c 为光速。

按照频率由低到高的顺序排列，不同频率的电磁波可以分为长波、中波、短波、超短波、微波、红外线、可见光、紫外线、X 射线和 γ 射线，如图 1-29 所示。

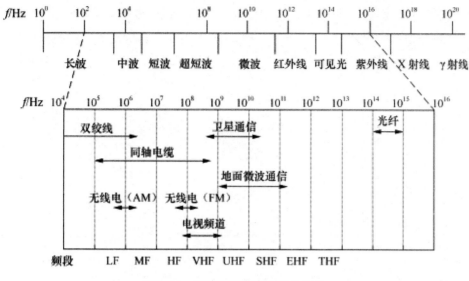

图1-29 电磁波谱与通信类型关系

人们已经利用无线电（包括长波、中波、短波、超短波等）、红外线以及可见光这几个波段进行通信，紫外线和更高波段目前还没有实用的通信应用。（国际电信联盟 ITU）根据不同的频率（或波长）对电磁波进行了划分和命名。无线电名称以及其频率与带宽对应关系如表 1-4 所示。

表1-4 无线电的频率和带宽的对应关系

频带划分	频率范围	频带划分	频率范围
低频（LF）	30~300 kHz	特高频（USF）	300 MHz~3 GHz
中频（MF）	300 kHz~3 MHz	超高频（SHF）	3~30 GHz
高频（HF）	3~30 MHz	极高频（EHF）	>30 GHz
甚高频（VHF）	30~300 MHz		

二、无线通信方式

有线通信传输数据需要连接一根线缆，这在很多场合是不方便的。对于移动用户，双绞线、同轴电缆和光线都无法满足随时随地接入网络、获取信息的要求，而无线通信就可以解决这一问题。

无线通信是指信号不被约束在一个物理导体内，而是通过空间传输的通信方式，其主要包括微波通信、卫星通信和移动通信等。无线通信主要有以下特点：

1. 传播距离较远，容易穿过建筑物，而且无线电波是全方向传播的，因此无线电波的发射和接收装置不必要求精确对准。

2. 无线电波极易受到电子设备的电磁干扰，并且其传播特性与频率密切相关。

3. 中、低频（频率在 1MHz 以下）无线电波沿地球表面传播，能轻易地绕过一般障碍物，但其能量随着传播距离的增大而急剧下降，且通信带宽较低，如图 1-30（a）所示。

4.高频和甚高频（频率在 3MHz ~ 1GHz 之间）无线电波趋于直线传播，易受障碍物的阻挡并将被地球表面吸收。但是到达离地球表面 100 ~ 500km 高度的电离层的无线电波将被反射回地球表面，如图 1-30（b）所示。我们可以利用无线电波的这种特性来进行数据通信。

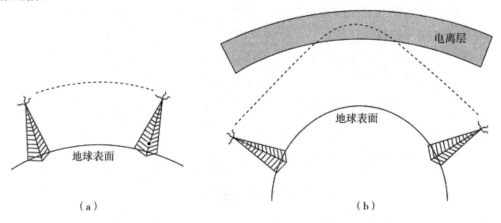

图1-30　无线电波传播示意图

（a）中、低频无线电波传播；（b）高频和甚高频无线电波传播

三、微波通信

微波通信是利用无线电波在对流层的视距范围内进行信息传输的一种通信方式，使用的频率范围一般为 2 ~ 400GHz。微波通信的工作频率很高，与通常的无线电波不一样，微波只能沿直线传播，其发射天线和接收天线必须精确对准。在长途线路上，其典型的工作频率为 2GHz、4GHz、8GHz 和 12GHz。如果两个微波塔相距太远，一方面地球表面会阻挡信号，另一方面微波长距离传输会发生衰减，因此每隔一段距离就需要一个微波中继站，如图 1-31 所示。中继站之间的距离与微波塔的高度成正比，由于受地形和天线高度的限制，两个中继站之间的距离一般为 30 ~ 50km，而对于 100m 高的微波塔，中继站之间的距离可以达到 80km。

图1-31　微波通信示意图

微波通信按所提供的传输信道可分为模拟和数字两种类型，简称"模拟微波"和"数字微波"。目前，模拟微波通信主要采用频分多路复用技术和频移键控调制方式，其传输容量可达 30 ~ 6000 个电话通道。数字微波通信发展较晚，目前大都采用时分多路复用技

术和相移键控调制方式。与数字电话一样，数字微波的每个话路的数据传输速率为64kb/s。数字微波通信被大量运用于计算机之间的数据通信。

微波通信主要有以下特点：

1. 微波在空间主要是直线传播，其发射天线和接收天线必须精确对准。微波会穿透电离层进入宇宙空间，不像无线通信中无线电波可以经电离层反射传播到地面上很远的地方。

2. 微波波段频率很高，其频段范围也很宽，因此其通信信道的容量很大，可同时传输大量的信息，且传输质量也比较稳定。与相同容量和长度的电缆载波通信比较，微波通信建设投资少、见效快。

3. 微波通信的缺点是它在雨雪天气传输时会被吸收，从而造成损耗，且微波保密性不如电缆和光缆好，对于保密性要求比较高的应用场合需要另外采取加密措施。

四、卫星通信

卫星通信实质上就是在地面站之间利用36000km高空的同步地球卫星作为中继器的一种微波接力通信。同步卫星就是太空中无人值守的用于微波通信的中继器。

卫星通信可以克服地面微波通信距离的局限。一个同步卫星可以覆盖地球1/3以上表面，只要在地球赤道上空的同步轨道上，等距离放置3颗相隔120°的卫星，就可以覆盖地球上全部的通信区域，如图1-32所示。这样，地球上各个地面站之间就可以互相通信了。

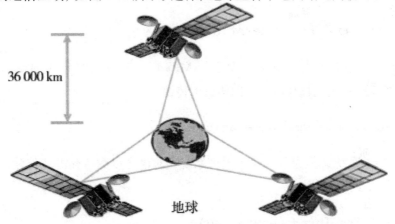

36 000 km

地球

图1-32 卫星通信示意图

由于卫星信道频带较宽，因此可采用频分多路复用技术将其分为若干子信道。有些用于地面站向卫星发送信息，称为上行信道；有些用于卫星向地面转发信息，称为下行信道。

卫星通信主要有以下特点：

1. 通信距离远、容量大、质量稳定、可靠性高。在电波覆盖范围内，任何一处都可以通信，且通信费用与通信距离无关。

2. 信号受陆地灾害影响小，易于实现广播通信和多址通信。

3. 卫星通信的缺点是通信费用高，延时较大，不管两个地面站之间的地面距离是多少，传播的延迟时间都为 270ms，这比地面电缆的传播延迟时间要高几个数量级。

在卫星通信领域中，甚小孔径天线地球站（Very Small Apeture Terminal，VSAT）已被大量使用。VSAT 是指采用小孔径的卫星天线的地面接收系统，这种小站的天线直径一般不超过 1m，因而价格便宜。在 VSAT 卫星通信网中，需要有一个比较大的中心站来管理整个卫星通信网。VSAT 按照其承担服务类型可分为如下两类：

1. 以数据传输为主的小型数据地球站（Personal Earth Station，PES），对于这些 VSAT 系统，所有小站间的数据通信都要经过中心站进行存储转发。

2. 以语音传输为主并且兼容数据传输的小型电话地球站（Telephone Earth Station，TES），对于这些能够进行电话通信的 VSAT 系统，小站之间的通信在呼叫建立阶段要通过中心站，但在连接建立之后，两个小站之间的通信就可以直接通过卫星进行了。

五、移动通信

移动物体与固定物体、移动物体与移动物体之间的通信，都属于移动通信。移动物体之间的通信通常依靠移动通信系统（Mobile Telecommunications System，MTS）来实现。目前，实际应用的移动通信系统主要有蜂窝移动通信系统、无绳电话系统、无线电寻呼系统、Ad-Hoc 网络系统以及卫星移动通信系统等。移动通信系统目前有 1G、2G、3G、4G、5G 这 5 种。

（一）1G（the first Generation）

1G 系统又称为类比式移动电话系统（AMPS），自 20 世纪 80 年代起开始使用。该系统的通话方式是蜂窝电话标准，仅限语音的传输。

（二）2G（The Second Generation）

2G（GSM）系统又称为数字移动通信系统，对语音以数字化方式传输，除具有通话功能外，还引入了短信功能。

（三）3G（The Third Generation）

3G（UMTS、LTE）系统又称为多媒体移动通信系统，是一种将无线通信与互联网多媒体通信相结合的新一代移动通信系统。3G 系统能够处理图像、声音、视频等多媒体信息，提供网页浏览、电话会议、电子商务信息等多种服务。

（四）4G（The Forth Generation）

4G（LTE-A、WiMax）系统的主要目标是多功能集成的宽带移动通信系统，并提高移动装置无线访问互联网的速度。

（五）5G（The fifth Generation）

目前的移动通信系统刚刚步入 5G 时代，5G 技术是最新一代的蜂窝移动通信技术，是 4G、3G 和 2G 系统后的延伸。5G 的性能目标是高数据速率、减少延迟、节省能源、降低成本、提高系统容量和大规模设备连接。

第七节　差错控制技术

一、差错类型及产生原因

（一）差错产生的原因

通常将发送的数据与通过通信信道后接收到的数据不一致的现象称为传输差错，简称差错。差错产生的原因有很多，信号在物理信道中传输时，线路本身的电气特性造成的随机噪声、信号振幅的衰减、频率和相位的畸变、电气信号在线路上产生的反射造成的回音效应、相邻线路间的串扰以及各种外界因素（如闪电、开关跳火、外界强电流磁场的变化、电源的波动等）等都会造成信号失真。在数据通信中，各种引起差错的因素都可能会使接收端收到的二进制位数和发送端实际发送的二进制数位不一致，从而造成"0"和"1"识别错误的差错，如图 1-33 所示。

差错控制的目的是通过分析差错产生的原因和差错类型，采取有效措施发现和纠正差错，以提高信息的传输质量。

（二）差错的类型

传输过程中的差错分为随机差错和突发差错。两类差错都是由噪声引起的，而噪声有两大类，一类是信道固有的、持续存在的随机热噪声；另一类是由外界特定的短暂原因造成的冲击噪声。

随机差错是由随机噪声引起的，如由传输介质导体的电子热运动产生的热噪声。这种差错的特点是所引起的某位码元的差错是孤立的，与前后码元没有关系。

突发差错是由冲击噪声引起的数据信号差错，是数据信号在传输过程中产生差错的主要原因。这种差错的特点是前面的码元出现了错误，往往会使后面的码元也出现错误，即错误之间有相关性。

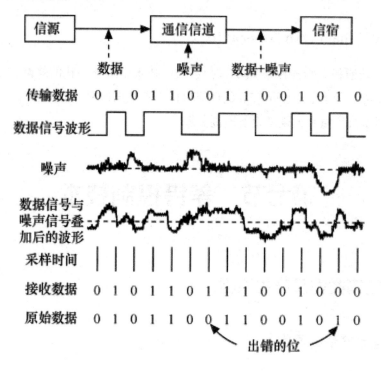

图1-33 差错产生的过程

二、误码率

误码率是指二进制码元在数据传输系统中被传错的概率，在数值上近似等于$P_e=N_e/N$。其中，N为传输的二进制码元总数、N_e为被传错的码元数。

在理解误码率定义时还应注意以下3个问题：

1.误码率是衡量数据传输系统正常工作状态下传输可靠性的参数。

2.对于一个实际的数据传输系统，不能笼统地说误码率越低越好，要根据实际传输要求提出误码率指标；在数据传输速率确定后，误码率越低，传输系统设备越复杂，造价也越高。

3.对于实际数据传输系统，如果传输的不是二进制码元，则要换算成二进制码元来计算。

在实际的数据传输系统中，人们需要对通信信道进行大量、重复的测试，才能求出该信道的平均误码率，或者给出某些特殊情况下的平均误码率。根据测试，目前电话线路传输速率在300～2400b/s时，平均误码率范围是10^{-6}～10^{-4}。由于计算机通信的平均误码率要求低于10^{-9}，因此通信信道如不采取差错控制技术就不能满足计算机数据通信要求。

三、差错的控制

差错控制的方法有两种，第一种方法是改善通信线路的性能，使错码出现的概率降低到满足系统要求的程度，但这种方法受经济和技术的限制，达不到理想的效果；第二种方法是采用抗干扰编码和纠错编码将传输中出现的某些错码检测出来，并用某种方法纠正检出的错码，以达到提高实际传输质量的目的。第二种方法最为常用，目前广泛采用的方法有奇偶校验、方块校验和循环冗余校验等。

（一）奇偶校验

奇偶校验又称为字符校验、垂直冗余校验（Vertical Redundancy Check，VRC），其是以字符为单位的校验方法，是最简单的一种校验方法。奇偶校验的工作方式是在每个字符编码的后面另外增加一个二进制校验位，主要目的是使整个编码中 1 的个数成为奇数或偶数，如果使编码中 1 的个数成为奇数则称为奇校验；反之，则称为偶校验。

例如，字符 R 的 ASCII 编码为 1010010，后面增加一位进行奇校验 10100100（使 1 的个数为奇数），传输时其中一位出错，如传成了 10110100，则奇校验就能检查出错误。若传输有两位出错，如 10111100，奇校验就不能检查出错误了。在实际传输过程中，偶然一位出错的机会最多，故这种简单的校验方法还是很有用处的。

奇偶校验有如下主要特点：

1. 只能发现单个比特差错，如果有多个比特出错，奇偶校验法无效；

2. 一般只能用于对通信要求较低的异步传输和同步传输。

（二）方块校验

方块校验又称为报文校验、水平冗余校验（Level Redundancy Check，LRC），其是在奇偶校验方法的基础上，在一批字符传输之后，另外再增加一个检验字符，该检验字符的编码方法是使每一位纵向代码中 1 的个数也成为奇数或偶数。例如，6 个字符传输，其方块校验如下：

		奇偶校验位（奇校验）
字符 1	1010010	0
字符 2	1000001	1
字符 3	1001100	0
字符 4	1010000	1
字符 5	1001000	1
字符 6	1000010	1
方块校验字符（奇校验）	1111010	1

采用这种方法，不仅可以检验出 1 位、2 位或 3 位的错误，还可以自纠正 1 位出错，使误码率降至原误码率的百分之一到万分之一，纠错效果明显，因此方块校验适用于中、低速传输系统和反馈重传系统。

（三）循环冗余校验

循环冗余校验（Cyclic Redundancy Check，CRC）是使用最广泛并且检错能力很强的一种校验方法。循环冗余校验的工作方式是：在发送端产生一个循环冗余码，附加在信息数据帧后面一起发送到接收端，接收端收到的信息按发送端形成循环冗余码同样的算法进行除法运算，若余数为"0"，就表示接收的数据正确，若余数不为"0"，则表明数据在传输的过程中出错，发送端需重传数据。

该方法不产生奇偶校验码，而是把整个数据块当成一串连续的二进制数据。从代数结构来说，把各位看成是一个多项式的系数，则该数据块就和一个 n 次的多项式相对应。

例如，信息码 110001 有 6 位（从 0 位到 5 位），表示多项式为 $M(x)=x^5+x^4+x^0$，6 个多项式的系数分别是 1、1、0、0、0、1。

1. 生成多项式

在用 CRC 进行校验时，发送端和接收端应使用相同的除数多项式 $G(x)$，称为生成多项式。CRC 生成多项式由协议规定，目前已有多种生成多项式列入国际标准中，其具体形式如下：

CRC—12 $G(x)=x^{12}+x^{11}+x^3+x^2+x+1$

CRC—16 $G(x)=x^{16}+x^{15}+x^2+1$

CRC—CCITT $G(x)=x^{16}+x^{12}+x^5+1$

CRC—32 $G(x)=x^{32}+x^{26}+x^{22}+x^{16}+x^{12}+x^{11}+x^{10}+x^8+x^7+x^5+x^4+x^2+x+1$

生成的多项式 $G(x)$ 的结构及验错效果都是经过严格的数学分析与实验之后才确定的。要计算信息码多项式的校验码，生成多项式必须比该多项式短。

2. 基本思想和运算规则

循环冗余校验的基本思想：把要传输的信息码看成一个多项式 $M(x)$ 的系数，在发送前，将多项式用生成多项式 $G(x)$ 来除，将相除结果的余数作为校验码跟在原信息码之后一同发送出去。在接收端，把接收到的含校验码的信息码再用同一个生成多项式来除，如果在传输过程中无差错，则应该除尽，即余数应为 0；若除不尽，则说明传输过程中有差错，应要求对方重新发送一次。

运算规则：多项式以 2 为模运算，加法不进位，减法不借位；加法和减法两者都与异或运算相同；长除法同二进制运算是一样的，只是作减法时按模 2 进行，如果减出的值最高位为 0，则商为 0，如果减出的值最高位为 1，则商为 1。

3. 检验和信息编码的求取方法

设 r 为生成多项式 $G(x)$ 的阶。

（1）数据多项式 $M(x)$ 的后面附加 r 个"0"，得到一个新的多项式 $M'(x)$。

（2）模 2 除法求得 $M'(x)/G(x)$ 的余数。

（3）该余数直接附加在原数据多项式 M（x）的系数序列的后面，结果即为最后要发送的检验和信息编码多项式 T（x）。

例：假设准备发送的数据信息码是 1101011011，生成多项式 G（x）=x4+x+1，计算信息编码多项式 T（x）。

解：M（x）=1101011011

G（x）=10011

r=4

信息码附加 4 个 0 后形成新的多项式 M'（x）=11010110110000 用模 2 除法求 M'（x）/G（x）余数的过程为

```
                    1 1 0 0 0 0 1 0 1 0
        1 0 0 1 1 √ 1 1 0 1 0 1 1 0 1 1 0 0 0 0
                    1 0 0 1 1
                    ─────────
                      1 0 0 1 1
                      1 0 0 1 1
                      ─────────
                        0 0 0 0 1
                        0 0 0 0 0
                        ─────────
                          0 0 0 1 0
                          0 0 0 0 0
                          ─────────
                            0 0 1 0 1
                            0 0 0 0 0
                            ─────────
                              0 1 0 1 1
                              0 0 0 0 0
                              ─────────
                                1 0 1 1 0
                                1 0 0 1 1
                                ─────────
                                  0 1 0 1 0
                                  0 0 0 0 0
                                  ─────────
                                    1 0 1 0 0
                                    1 0 0 1 1
                                    ─────────
                                      0 1 1 1 0
                                      0 0 0 0 0
                                      ─────────
                                        1 1 1 0
```

式中，帧为 1101011011；除数为 10011；附加 4 个 0 后形成的串为 11010110000；传输的帧为 11010110111110。将余数 1110 直接附加在 M（x）的后面，求得要传输的信息编码多项式为

$$T（x）=11010110111110$$

采用循环冗余校验后，其误码率比方块校验可再降低 1～3 个数量级，故在数据通信系统中应用较多。循环冗余校验用软件实现比较麻烦，而且速度比较慢，但用硬件的移位寄存器和异或门实现循环冗余校验编码、译码和检错，则简单而快速。

第二章　网络互联技术与操作系统

第一节　网络互联技术

一、网络互联的概念

网络互联是指通过一定的方法，将分布在不同地理位置的网络，利用一种或者多种网络互联设备连接起来，以构成更大规模的网络系统，实现网络之间的数据通信和资源共享。为了提高网络的性能，也可以将规模较大的网络划分成若干个子网或者网段，子网或者网段之间的互相连接也称为网络互联。

二、网络互联的优点

随着网络的快速发展及应用的深入，各个网络之间的互联变得尤其重要。通过网络互联，不仅可以实现网络之间的数据通信及资源共享，还具有如下优点：

（一）提高网络性能

随着网络规模的扩大，网络中广播包的数量也在逐渐增多，导致网络的安全性能变差。将一个较大规模的局域网分割成多个局域网，且多个局域网之间通过网络设备互相连接，能大大提高整个网络的网络性能和安全性。

（二）扩大了网络的覆盖范围

局域网在传输数据时一般有距离的限制，通过网络互联，可以增加数据的传输距离，扩大网络的覆盖范围。

（三）降低成本

当某个区域的多台主机需要接入另一区域的网络时，可让多台主机先行连接网络，再通过网络互联以达到网络接入的目的，从而降低联网成本。

（四）提高了网络的可靠性

当有设备发生故障时，通过划分子网，可以有效缩减其对网络影响的范围。

三、网络互联的类型

计算机网络根据覆盖的范围可以划分为广域网、城域网和局域网，所以根据计算机网络的类型，网络互联可以分为如下 3 种形式：

（一）局域网与局域网的互联

在实际的应用中，局域网（LAN）与局域网之间的互联较为常见，它可以分为同类型局域网之间的互联，以及不同类型局域网之间的互联。例如，以太网与以太网之间的互联，就属于同类型局域网之间的互联；而以太网与 ATM 网络之间的互联则属于不同类型局域网之间的互联。在局域网与局域网的互联中，常见的网络设备有集线器、交换机和路由器等。

（二）局域网与广域网的互联

局域网与广域网（WAN）之间的互联也比较常见，可以通过互连扩大数据的通信范围。在局域网与广域网的互联中，常见的网络设备有路由器与三层交换机，常见的网络接入形式有校园网或者企业网通过电信接入互联网等。

（三）广域网与广域网的互联

广域网与广域网的互联一般在政府的通信部门进行。在广域网与广域网的互联中，常用的网络设备是支持异种协议的路由器，比较典型的有互联网等。

四、网络互联的层次

网络互联的层次性很强，不同层次之间的互联，实现的方法不同。根据通信协议来划分，网络互联分为如下 4 个层次：

（一）物理层

物理层主要采取比特流的形式进行数据传输，通过物理层之间的互联，能够实现信息从一种传输介质到另一种传输介质的转换与传输。物理层之间的互联，主要用于不同区域各局域网之间的互联，并且要求各网络有相同的数据链路层协议以及数据传输速率，用于物理层之间的互联设备主要有中继器及集线器。

（二）数据链路层

数据链路层在数据传输时以数据帧为单位，其实现过程是：当从一条链路上接收到数据帧以后，首先对其数据链路层协议进行检查，如果数据帧的格式相同，则直接进行数据传输，否则就要对数据帧格式进行转换然后再进行传输，其传输过程与网络层的协议无关。数据链路层之间常用的互联设备有网桥、二层交换机等。

（三）网络层

网络层之间的互联常用的网络互联设备是路由器与三层交换机，可以解决在数据传输时出现的拥塞控制、差错控制以及路由选择等问题，一般用于广域网的互联。

（四）传输层及以上高层

高层之间的互联复杂多样，没有统一的协议标准，所以其核心就是不同协议之间的转换，用以实现端到端之间的通信。常用的网络互联设备是网关。

第二节　网络互联设备

网络互联设备在实现网络互联的时候比较关键，分别对应于OSI参考模型的不同层次，有着不同的功能及应用环境。

一、中继器

中继器（Repeater）也称为转发器，是最简单的网络互联设备，工作在OSI参考模型的第一层，即物理层。在数据传输过程中，无论采用什么样的传输介质、拓扑结构，都会由于线路损耗以及距离的增加而导致信号的衰减，从而产生信号失真、接收错误的情况。中继器则可以改善这种情况，实现传输距离的扩大。

中继器主要用于相同类型网段之间的互联，其主要功能是在物理层内部实现透明的比特流信号的再生，在接收到比特流信号以后，对其进行整形放大然后传输到另一个网段。但中继器只是实现了比特流从一个物理网段到另一个物理网段的复制，并不关注数据帧的地址及路由信息，不具备错误检查及纠正功能，甚至会将错误也传入另一个网段，容易造成传输延时。另外，中继器不能有效隔离网段上不必要的流量信息，因此在对网络上的信息进行放大的同时，其中有害的噪声也进行了放大。

使用中继器时需要注意以下 3 点：

1. 在网络中当节点数目增多或者传输信息量增加时，可能会出现网络拥塞的情况。

2. 两个网段在使用中继器进行互联时，仍然处于同一个广播域及冲突域中。

3. 中继器在使用的时候一般有次数限制，网络中最多可以使用 4 个中继器用于 5 个网段的互联。

二、集线器

集线器（HUB）是一种比较常见的网络互联设备，与中继器一样，工作在物理层，其本质上是多个端口的中继器。连接集线器各个端口的计算机通过共享带宽的方式来传输数据，属于共享型网络。它主要采用 CSMA/CD 的介质访问控制方法，来实现冲突检测。

集线器通常采用 RJ-45 的标准接口，使用双绞线作为传输介质，计算机或者其他的终端设备可以通过 UTP 电缆与集线器进行连接。在集线器的内部，各个端口通过背板总线连接在一起，构成了一个逻辑上的共享总线。基于集线器构建的局域网，仍然处于同一个冲突域和广播域。通过集线器，网络中各个节点之间能够进行数据的通信。其功能和特性有如下 5 点：

1. 冲突检测功能。集线器中所有的端口共享带宽，当某一时刻多个端口同时传输数据时，就会产生冲突。

2. 放大整形功能。集线器能够将收到的信号进行放大、整形处理，扩大网络的传输范围。

3. 扩展端口功能。

4. 转发数据功能。

5. 介质互连功能。

集线器可以分为如下 3 种类型：

1. 独立型集线器。独立型集线器带有多个端口，且具有价格低、容易查找故障等特点，比较常见；一般没有管理功能，在小型的局域网中使用广泛，如办公室、工作小组及部门的局域网。

2. 堆叠式集线器。堆叠式集线器通过一条高速链路，将多台集线器的内部总线连接起来，可以将其作为一个设备来进行管理；实现起来比较简单易行，成本较低。

3. 模块化集线器。模块化集线器带有多个卡槽，一般都配有机架，每个卡槽内能够安装一块通信卡，每个卡的作用就相当于一个独立型集线器。常用的模块化集线器的卡槽有 4 ~ 14 个，方便扩充网络规模。

三、网桥

网桥（Bridge）也称为桥接器，是工作在数据链路层的网络互联设备，用于不同链路层协议、不同传输速率与不同传输介质的网络之间的互联。当网桥在两个局域网的数据链路层之间传输数据帧时，可以有不同的媒体访问控制协议。

网桥在使用时没有个数限制，利用网桥可以实现较大范围内局域网之间的互联。在数据传输时，网桥具有接收数据、地址过滤、转发数据的功能。网桥收到数据帧以后，首先读取其地址信息，如果数据帧的目的地址与源地址属于同一网段，则将其过滤掉，不对其进行转发；如果数据帧的目的地址与源地址不属于同一个网段，则向相应的端口进行转发。这样，能够有效提高网络的利用带宽。

（一）网桥的功能

网桥能够在互联的局域网之间实现数据帧的存储与转发，以及在数据链路层上进行协议转换，其具体功能如下：

1. 网桥具备对数据帧进行格式转换的功能。

2. 网桥能够实现不同网速的匹配，实现不同传输速率、不同传输介质网络之间的互联，但传输信息的网络在数据链路层上需采用兼容或相同的协议。

3. 网桥通过将较大局域网分割成若干个较小局域网的方式，能有效分割广播的通信量，提高网络性能。

4. 网桥具备对接收到的数据帧进行源地址与目的地址的检测功能，若目的地址是本地网络的，则删除；若目的地址不是本地网络的，则进行转发。它能够过滤掉不需要在网络之间传输的信息，减轻网络负荷。

5. 网桥能够实现较远距离的局域网之间的互联，扩大网络的地址范围，提高网络带宽。

（二）网桥的分类

网桥有不同的分类方法，根据工作原理可以将网桥分为透明网桥和源路由网桥两种形式。

1. 透明网桥

透明网桥是一个具备自学能力的设备，它能够根据每个节点在网络中的地址来确定传输路径，并采取自学算法来建立和更新生成树。透明网桥对于通信的双方是完全透明的，在数据传输时，由网桥自己决定传输路径。透明网桥在使用时比较简单，必须要改变现有网络的软硬件，使其便于安装。

2. 源路由网桥

此类网桥在数据传输时，由源节点来负责路由信息，即源节点在发送数据时，要求在数据帧的首部带上详细的路由信息，网桥根据此路由信息进行数据帧的转发。源路由网桥的主要特点是可以选择最佳路径，但在网络规模较大时，容易发生拥塞现象，一般用于令牌环网。

根据使用范围的大小，还可以将网桥分为本地网桥和远程网桥，本地网桥一般用于局域网之间的连接，而远程网桥则具备连接广域网的能力。

四、交换机

（一）工作原理

传统以太网主要采用集线器来进行网络互联，不支持多种速率的数据传输。集线器在网络内以共享一根传输介质的形式进行数据传输。当某一时刻任意两个节点之间进行数据传输时，将独占传输介质。随着网络中节点数量的增加，将会增加网络冲突的概率，造成网络带宽利用率的下降。

交换机则是在需要进行传输数据的端口之间建立一个专用的传输通道，数据帧从入口进入交换机，从出口传出，完成数据之间的交换。交换机可以同时在多对传输的端口之间建立通道，当两个以上的节点需要发送时，只要目的节点不同，就可以同时进行。由于使用的通道互不相干，所以在数据传输时不会发生冲突。

交换机与集线器相比，二者的区别如下：

1.传输模式不同

集线器在工作时，当网络中某个端口进行数据帧传输时，所有端口都能收到该数据帧，安全性较差，当接入设备过多时，网络性能也会受到影响；交换机在进行数据帧的传输时，只在传输数据的两个端口之间建立独立的传输通道，并完成数据的转发，而不是将数据帧广播到所有端口。

2.占用带宽不同

集线器无论有多少端口，同一时刻只能在两个端口之间进行数据传输，而交换机在任何两个端口之间建立的都是独立的传输通道。因此，集线器的工作方式是共享带宽，交换机则是独享带宽。

（二）二层交换机

二层交换机工作在 OSI 参考模型的第二层，即数据链路层，所以称为二层交换机。其外形与集线器类似，有多个端口，可以连接多台计算机，来实现网络之间的互联。二层交换机主要传输的信息为数据帧，通过识别数据帧中的 MAC 地址来完成数据帧的交换。也就是说，二层交换机根据各个端口与计算机的连接情况，会在内部建立一个 MAC 地址表，如表 2-1 所示，该表记录了交换机各个端口与网络系统中所有 MAC 地址之间的对应信息，如图 2-1 所示。

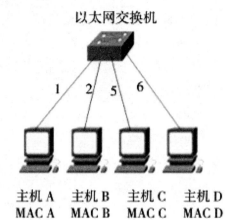

图2-1 交换机的工作过程

表2-1 MAC地址表

MAC地址	端口号
MAC A	1
MAC B	2
MAC C	5
MAC D	6

二层交换机的工作过程如下:

1. 如果主机 A 向主机 B 发送一个数据帧,此时的 MAC 地址表为空,则交换机在接收到该数据帧以后,会将数据帧中的源 MAC 地址 A 与对应的端口 1 记录到 MAC 地址表中,同时向网络中其他所有端口发送此数据帧。当某一个主机接收到该数据帧以后,通过识别其中的 MAC 地址与自己网卡的 MAC 地址相比对,如果相同则接收该数据帧,否则,将丢弃。

2. 如果网络中各个主机都已经向其他主机发送数据帧,则 MAC 地址表中将会有 4 条记录。

3. 假设主机 A 向主机 B 发送数据帧,交换机在接收到该数据帧后,读取其中的目的 MAC 地址,并检查 MAC 地址表中是否有对应的 MAC 地址信息,以此找到相对应的端口 2,然后在端口 1 和 2 之间建立连接,实现数据帧的转发。

4. 若主机 C 和主机 D 之间传输数据,交换机也会采取相同的方法在端口 5 和 6 之间建立连接,实现数据帧的转发。因此,根据需要,在交换机的各个端口之间能够同时建立多条连接,相互之间并不影响。

由此可见,二层交换机主要通过 MAC 地址表来实现数据的转发,该表记录了交换机的各个端口与网络中所有主机之间的对应关系。

二层交换机通过在需要传输数据的端口之间建立独立的通道,较好地解决了冲突域的问题,提高了数据的交换处理速度和效率,但连接在交换机的所有设备之间还存在广播域的问题。在交换机中,一个广播帧会被发送至所有的端口。当网络规模较大时,该广播帧除发送到该交换机的所有端口之外，还会从这些端口继续发送到其他的交换机，并继续以广播的形式发送到本交换机的所有端口。这些广播帧会占用大量的网络带宽，给主机造成额外的负担，从而影响网络的性能。网络规模越大，广播帧越多，从而也越容易引起广播风暴。

（三）三层交换机

三层交换机就是一台具有路由功能的交换机设备，工作在网络层。通过三层交换机的路由功能，可以扩大网络规模，加快局域网内部数据的交换速度，从而实现一次路由、多次转发的功能。其中数据报的转发主要通过硬件来实现，路由表的维护、路由信息的更新、路由计算等功能则主要通过软件来实现。

1. 引入背景

（1）二层交换机的局限性。二层交换机工作在数据链路层，能增加网络带宽，使数据的传输速度加快，但由于其工作在 OSI 参考模型的第二层，所以不能有效地隔离广播风暴。

（2）路由器的局限性。路由器工作在网络层，作为互联设备，路由器能实现路由选择、流量控制、隔离广播、提高网络性能等功能。但随着网络规模的扩大，网络间访问信息量增加，而路由器的端口有限，因此单纯依靠路由器来实现网络间的访问，会造成路由速度变慢，从而限制了网络的规模和访问速度。另外，路由器对任何数据报的传输都会进行"存储拆包→检测打包→转发"这一过程，导致路由器的吞吐量降低。当数据流量超出路由器的处理能力时，就会造成路由器内部的堵塞，甚至丢失数据报。

基于以上分析，三层交换技术应运而生。三层交换技术是在网络模型中的第三层实现了数据报的高速转发，是二层交换技术与三层路由技术相结合的产物。

2. 三层交换机的工作原理

三层交换机是二层交换机与路由器的有机结合，既可以实现数据的交换，又能实现数据的转发功能，其工作原理如下：

（1）假设两个站点 A、B 之间通过三层交换机来实现数据的传输，当三层交换机接收到第一个数据报时，首先会对其进行分析，判断数据报中的目的 IP 及源 IP 是否属于同一网段。

（2）如果目的 IP 及源 IP 属于同一网段，则通过二层交换来实现数据报的转发。

（3）如果目的 IP 及源 IP 不属于同一网段，则由三层路由模块对数据报进行路由处理。三层路由模块收到数据报后，会在内部路由表中查看数据报的目的 MAC 地址是否与目的 IP 存在对应关系，如果存在对应关系，则交由二层交换模块进行转发。如果没有对应关系，则对数据报进行路由处理，并将该数据报的 IP 地址与 MAC 地址之间的映射关系记录到内部路由表，然后再由二层交换来实现转发。

当站点 A、B 之间再传输数据时，交换机将会根据地址映射表，将数据报交由二层交换处理，从而实现了"一次路由，多次转发"，大大提高了数据的转发速率。三层交换技术，解决了不同网络之间的数据传输对路由器的依赖问题，提高了网络性能，也解决了传统路由器在数据报转发过程中所造成的网络瓶颈问题。

3.三层交换机的作用

三层交换机属于核心交换设备，能加快内部数据的交换速度，并有效隔离广播风暴。这不仅解决了二层交换机在划分 VLAN 之后各个网段之间的路由问题，还解决了路由器在传输过程中由于速率低、结构复杂造成的网络瓶颈问题。所以一般用于大型局域网的网络骨干之间的互联以及划分虚拟局域网之后各 VLAN 间的路由器。

五、路由器

路由器（Router）工作在 OSI 参考模型的第三层，即网络层，主要用于实现相同类型或不同类型网络的互联，并为各个网络之间的数据分组进行路由选择及数据转发。

（一）路由器的工作原理

路由器主要通过内部的路由表来进行路由选择，路由表里记录了路由器上各个端口与其所连接网络之间的对应关系。当路由器接收到数据报以后，会分析数据报的目的地址，查找路由表，为其寻找一条最佳的路由，从而确保数据报能快速转发到目的站点。路由器连接不同网络如图 2-2 所示。

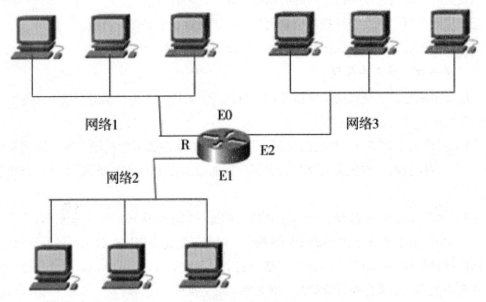

图2-2　路由器连接不同网络

在图 2-2 中，假设网络 1 的主机向网络 2 的主机传输数据，数据报从路由器的 E0 端口到达路由器，路由器根据内部路由表判断网络 2 接在路由器的 E1 端口，于是就选择 E1

端口作为传输路径，将数据报转发到 E1 端口，并从 E1 端口送出到达网络 2。若网络 1 的主机向网络 3 的主机传输数据报，则网络 1 上的主机发出的数据报从路由器的 E0 端口到达路由器，路由器根据路由表判断网络 3 与 E2 端口相连，就选择 E2 端口作为传输路径，将该数据报转发到 E2 端口从 E2 端口送出，最终到达网络 3。

图 2-2 是目的网络与路由器采取直接相连的情况，而实际的网络则较为复杂。源主机所发出的数据报往往需要多个路由器为其不断地进行路由选择，再进行逐节点的转发，数据报才能最终到达，并被目的主机所接收。所以，在较为复杂的网络状况下，数据的传输可以在多条路径中选择最优路径并进行数据的传输。

（二）路由器的功能

路由器工作在网络层，能够实现两个或两个以上逻辑上相互独立的网络之间的连接。其功能主要如下：

1. 地址映射功能

路由器能够实现网络的逻辑地址与物理地址之间的映射。

2. 数据转换功能

路由器能够实现数据报的分段以及重组功能。

3. 路由选择功能

路由器分析接收到的数据报的目的地址，并根据某种路由策略，从路由表中寻找最佳路由对其进行转发。

4. 协议转换功能

路由器支持不同的网络层协议，并建立不同的路由表。因此，利用路由器能够实现不同网络层协议的转换。

5. 网络隔离功能

路由器能够过滤网络间的信息，并有效避免广播风暴，提高网络的安全性，路由器还可以作为网络防火墙来使用。

6. 流量控制功能

路由器能控制收发双方的数据流量，通过优化的路由算法来均衡网络负载，从而有效避免因网络堵塞导致的网络性能下降。

（三）路由表

路由器能够为接收到的每一个数据报寻找一条最佳路径，该路径信息保存在路由表中。路由表中记录了到达各个子网的路径信息，如目的地址、转发地址、转发接口等。路由表中的信息如下：

1. 协议的类型，即建立路由表时所采用的目的路由选择协议类型。

2. 到达目的网络所经过的路由器个数。

3. 路由选择的度量标准，主要用于判断路由选择项目的优劣，不同的路由选择协议采取的路由选择度量标准也不尽相同。

4. 数据到达最终目的地所经过的转发接口。

（四）静态路由、动态路由

路由是指分组从源到目的地时，决定端到端路径的网络范围的进程，它可以分为静态路由和动态路由。路由选择是根据路由表来进行的，其中路由表是在网络组建完成以后，路由器根据网络拓扑情况自学得到的。路由表的建立除了可以由路由器自学进行建立，也可由网络管理人员自行设定。

1. 静态路由

静态路由是由网络管理人员根据网络的连接情况进行人工配置生成，其中数据的转发是按照网络管理人员事先设定的路径进行的。静态路由能够减少路由器的开销，但是，如果在网络情况比较复杂的环境中，当网络的拓扑结构发生变化时，网络管理人员则需要手动修改路由表中的信息，工作量会大大增加；另外，静态路由的配置比较固定，不能适应网络的动态变化。所以，静态路由一般适用于拓扑结构固定、网络规模不大的网络环境。在所有的路由当中优先级最高，即当动态路由与静态路由冲突时，以静态路由为准。

2. 动态路由

动态路由能够不断适应网络的变化，当网络拓扑结构发生改变时，能够通过自身的学习，对路由表信息进行自动更新。所以灵活性比较强，一般适合于网络规模大、拓扑结构复杂的网络环境。网络中的状态信息一般是不断变化的，所以不同时间段所采集到的网络信息有可能不一样，所提供的最优路径也有可能不同。

（五）路由协议

常见的动态路由协议主要有内部网关协议（IGP）和外部网关协议两种，其中内部网关协议主要包括 RIP、OSPF、IS-IS、IGRP、EIGRP。BGP 是一种外部网关协议，主要用于不同运营商之间路由信息的交换。

1. 路由信息协议

路由信息协议（Routing Information Protocol，RIP）是使用最为广泛且原理比较简单的一个内部网关协议，在网络中用源地址到目的地址所经过的路由器的个数（跳数）作为路由度量值，用以衡量源地址到目的地址之间的距离。与路由器直接相连的网络距离定为 1，每经过一个路由器，其数值加 1。RIP 允许网络中最多的路由器数是 15，超过这个值的网络将不能到达。因此，RIP 一般适用于规模较小的网络，比如结构简单的地区性网络或者校园网。

在网络中 RIP 不允许同时使用多条路由，通常选择一个最短路由，即最少路由器的路由。网络中的每一个路由器会不断地和相邻的路由器进行信息交换，其路由更新通过定时广播的形式进行，每隔 30s 广播一次，收到广播的路由器会将路由信息与自己的路由表进行对照。如果收到的路由信息自己的路由表不存在，则将其加到自己的路由表中；如果路由信息已存在，则将收到的路由信息与路由表中的信息对比，如果小于自己路由表中的跳数，则替换掉原来的路由信息；如果新的路由信息跳数等于或者大于自己路由表中的跳数，则不更新。

RIP 比较简单，所以应用比较广泛。但由于其以路由器的跳数作为度量值，所以得到的路由信息并非最佳路径；而且其允许的最大跳数为 15，所以不适于大规模的网络应用；另外由于其每隔 30s 会广播一次信息，所以容易造成广播风暴。

2. 开放最短路径优先协议

RIP 比较简单，由于其允许的最大跳数为 15，所以限制了网络的规模。一般只适用于小规模的网络环境。另外，由于其交换的路由信息是整个完整的路由表，所以随着网络规模的不断增大，其网络资源的开销也会增大。

开放最短路径优先（Open Shortest Path First，OSPF）协议是属于链路状态的路由协议，克服了 RIP 的缺点。使用 OSPF 协议的路由器会收集相关的链路状态信息，将其存储到链路状态数据库中，并根据 OSPF 协议算法计算出到达每一个节点的最短路径。因此，一般适用于规模庞大、环境复杂的互联网。

OSPF 协议需要每一个路由器向同一区域的其他路由器发送链路状态广播信息，其组建路由表的过程如下：

（1）路由器通过组播的方式来发送 Hello 包，以此来发现邻居并建立一个基本的邻居表。

（2）根据建立的基本邻居表，路由器会对收到的 Hello 包进行优先级的比较。其中指定路由器为优先级最高的路由器，其次则为备份指定路由器，以此类推，网络中其他的非指定路由器将与指定路由器和备份指定路由器形成一个邻接关系。

（3）当邻居表建立好以后，路由器会采取链路状态广播的方式与网络中其他路由器交换网络拓扑信息，形成网络拓扑表。依据网络拓扑表，路由器通过采用 OSPF 协议算法计算出最佳路径，并添加到自己的路由表中。

与 RIP 相比，OSPF 协议具有如下 3 个特点。

（1）在网络中，只有链路状态发生变化时，路由器才会以组播的方式发送更新的链路信息，并且能够快速找到路由，更新路由信息。因此，在 OSPF 协议中，网络中链路宽带资源的占用减少，系统效率得到了提高。

（2）在 OSPF 协议中，虽然也用跳数来衡量源地址与目的地址之间的距离，但一般不受物理跳数的限制。

（3）在使用 OSPF 协议进行路由选择时，若源地址与目的地址不在同一区域，则采用区间路由选择；若源地址与目的地址在同一个区域，则采取区内路由选择。此种方式，提高了网络的稳定性，使得网络开销也大大减少，并且便于网络的管理与维护。

3.边界网关协议

边界网关协议（Border Gateway Protocol，BGP）是一种外部网关协议，是不同自治系统之间的路由器进行路由信息交换的一种协议。由于互联网的结构比较复杂、规模较大，所以不同自治系统之间不适于选择最佳路由。与 RIP、OSPF 协议等内部网关协议相比，BGP 的目的不在于发现和计算路由，而在于控制路由的传播以及选择最佳路径。

BGP 是一种距离矢量的路由协议，可以分为 IBGP 和 EBGP 两种形式，在 BGP 网络中，可以将一个网络划分成多个自治系统。在自治系统内部，主要使用 IBGP 来广播路由，而自治系统之间则使用 EBGP 来广播路由。BGP 协议不是基于纯粹的距离矢量算法，也不是基于纯粹的链路状态算法，其主要功能是和其他的 BGP 系统建立连接，然后交换彼此的网络信息。

（六）局域网中路由器的用处

路由器用于局域网之间网络的互联与隔离，以及局域网与广域网之间的互联。

六、网关

网关（Gateway）又称为协议转换器或网间连接器，主要用于网络层以上的网络之间的互联，是网络层以上的互联设备的总称。网关一般可以设在微机、服务器、大型机上，功能强大并且一般都和应用相关，所以价格比路由器贵。网关是最复杂的网络互联设备，它的传输速度一般低于路由器和交换机，网关既可以用于局域网之间的互联，也可用于广域网之间的互联。

网关是硬件和软件的结合，硬件能够提供不同网络之间的接口，软件能够实现不同互联网协议之间的转换。当不同结构网络中的主机之间通信时，网关相当于一个翻译器，其具备对不同网络协议的转换能力，从而实现异构设备之间的通信。

一般来说，网关的功能有如下 5 点：

1.实现地址格式的转换。在不同结构的网络通信时，网关可以实现地址格式的转换，以便寻址以及路由的选择。

2.实现路由的选择与寻址。

3.实现数字字符格式的转换。

4.实现网络传输流量的控制。

5.实现高层协议的转换，即能够实现网络层上某种协议的转换工作。

常见的网关按照其功能大致分为如下 3 类：

1.应用网关。此类网关能够在不同数据格式的系统之间翻译数据，从而实现数据的交流，是针对某些专门的应用所设置的网关，如邮件服务器网关。

2.协议网关。此类网关能够在不同协议的网络之间实现协议的转换功能，如在以太网、令牌环网等不同的网络之间进行数据共享时，可以通过协议网关消除网络之间的差异，进行数据之间的交流。

3.安全网关。此类网关是对数据报的网络协议、端口号、源地址及目的地址进行授权，通过对数据信息的过滤，可以拦截掉没有许可权的数据报，如防火墙网关。

第三节 网络操作系统

一、网络操作系统的定义

网络操作系统（Network Operating System，NOS）是建立在独立的操作系统的基础上用于网络功能扩充的操作系统。它能够为用户提供统一的网络接口，并实现网络间的通信管理与网络资源的共享，以及进行网络中多个节点之间任务的协调。

网络操作系统通常可以分为客户端和服务器端的操作系统两种形式，其主要任务是屏蔽本地资源与网络资源之间的差异，使用户能够快速、方便地使用各种网络服务功能。随着计算机网络技术的快速发展，其功能也在逐步完善，网络操作系统作为用户与计算机之间的接口，其特点主要包括如下 7 个方面：

（一）管理共享资源

为了确保共享数据的一致性、安全性，网络操作系统能够对网络中共享的软、硬件资源实施有效管理，并对用户的使用进行统一协调。

（二）支持多任务、多用户

网络操作系统支持多任务处理，能够提供多用户的并发访问功能，网络用户能够访问服务器上的共享文件及目录。

（三）支持系统容错功能

为了最大限度地保障网络系统的稳定运行，网络操作系统提供了系统的容错功能及可靠性措施。

（四）网络管理

网络操作系统能够提供管理实时程序及必要的管理工具，便于对网络活动进行跟踪。

（五）支持安全访问机制

网络操作系统能够提供访问控制措施，用户可以根据这些安全措施来构建安全体系，以实现对网络资源的保护。

（六）开放性

网络操作系统支持不同类型的网络拓扑结构，能够支持不同类型的传输介质及网络适配器，其应用非常广泛。

（七）硬件独立

网络操作系统可以在各种硬件平台上运行，可移植性好。

二、网络操作系统的类型

网络操作系统的发展，主要经历了从对等结构向非对等结构的演变过程。

（一）对等结构的网络操作系统

对等结构的网络操作系统所有的网络节点都处于平等的地位，每个网络节点的操作系统软件都相同，网络中所有计算机均可实现资源共享。对等结构的网络，结构相对简单，网络中没有专门的服务器，每台联网计算机既可以用作客户机，又可以用作服务器，即网络中每台联网计算机除了要完成本地用户的处理任务，还要实现联网节点间的数据通信及资源共享，造成联网计算机负荷加重，信息处理能力降低。因此，对等结构的网络操作系统一般适用于较小规模的系统结构环境。

（二）非对等结构的网络操作系统

非对等结构的网络操作系统主要有网络服务器、网络工作站两种形式的联网节点。网络中计算机分工明确，网络服务器的配置一般较高，主要以集中的方式来管理网络中的共享资源，并能够为各个网络工作站提供各种服务。网络服务器是局域网的逻辑中心，网络操作系统的功能与性能，直接决定着网络服务器的性能、安全性以及网络服务功能的强弱。网络工作站的配置一般较低，一般用于为本地用户提供本地资源以及网络资源的访问等服务。

三、网络操作系统提供的服务

网络操作系统除了能够提供单机操作系统的功能之外，还能够提供资源的共享及数据通信功能，在网络环境中，网络操作系统所提供的基本服务有如下 6 种：

（一）文件服务

文件服务是网络操作系统应用最为广泛的服务，通过文件服务器，可以实现对文件的读写等操作，以及提供必要的安全控制方法。

（二）网络管理服务

网络操作系统通过网络管理工具，能够对网络性能进行分析，并对网络状态进行监控。

（三）通信服务

通信服务主要是指工作站与工作站之间的通信，以及工作站与服务器之间的通信，并为它们之间的数据传输提供无差错的服务。

（四）打印服务

通过设置打印服务器，可以实现网络打印机的共享。

（五）数据库服务

通过设置数据库服务器，可以对远端数据库进行查询。

（六）群集服务

群集服务器是指多个连接在一起的服务器的集合，通过群集服务器的设置，可以提供系统的容错性，并提高计算速度。

四、常见的网络操作系统

随着网络技术的飞速发展，网络操作系统的功能也在不断改进，其种类也日渐丰富。目前，常用的网络操作系统主要有以下 4 种类型。

（一）Windows网络操作系统

Windows 网络操作系统是微软公司推出的一款操作系统，其界面友好、操作简单，自推出以来，发布了不同的版本。微软公司发布的 Windows 系列的操作系统不仅适用于个人操作系统，也适用于网络操作系统，但由于其对服务器的硬件要求较高，而且稳定性也不高，所以一般适用于中低档服务器环境。Windows 网络操作系统有以下几个版本：

1.Windows NT

1993 年，微软推出了一款网络操作系统，即 Windows NT，主要面向工作站、网络服务器和大型计算机。它保留了 Windows 操作系统统一的界面，用户能在桌面环境下进行各种操作，界面友好、易于掌握。

Windows NT 是一个通用的网络操作系统，能够满足应用服务器的需要；同时，Windows NT 提供了强大的网络安全功能及网络管理功能，在使用时易于实施。Windows NT 对服务器的硬件配置要求较低，它所提供的功能基本能满足中小型企业的各项网络需求，因此可以用于中小型企业局域网的环境。

2.Windows 2000 Server

Windows 2000 Server 在继承了 Windows NT 的高性能的基础上，又发展了一些新的特性，如分布式文件系统、管理咨询、活动目录、智能镜像等新技术。Windows 2000 Server 主要适用于小型企业的服务器领域，Windows 2000 Server 常用的有 4 个版本，分别如下：

（1）Windows 2000 Professional。它是 Windows NT Workstation 4.0 版本的升级，可以用于移动用户，是一个商业用户的桌面系统。

（2）Windows 2000 Server。它是 Windows NT Server 4.0 版本的升级，在各种功能方面都做了大量改进。每台机器上最多可以支持 4 个处理器，可以支持最高 4GB 的内存，主要适用于小型企业的服务器领域。

（3）Windows 2000 Advanced Server。它是 Windows NT 4.0 企业版的升级，最高可以支持 8GB 的内存，最多可以支持 8 个处理器。与 Server 版相比，其功能更为强大，是一个高级服务器版，一般适用于大中型企业的服务器领域。

（4）Windows 2000 Datacenter Server。它最高可以支持 64GB 的内存，可以支持 32 路的对称多处理器系统，是一个数据中心服务器版。Windows 2000 Datacenter Server 可以用于科学计算、经济分析、大型数据库、工程模拟以及联机交易处理等方面，一般适用于在可用性及可靠性等方面要求最高级别的大型企业或者国家机构的服务器领域。

3.Windows Server 2003

Windows Server 2003 是微软于 2003 年 4 月推出的一款新一代网络操作系统，与 Windows 2000 Server 相比，它在活动目录、磁盘管理、组策略等方面做了很多改进，可以在网络上进行各种网络服务的构建。Windows Server 2003 共有以下 4 个版本：

（1）Windows Server 2003 Web 版。Web 版最高可以支持 2GB 的内存，最低支持 256MB 的内存，可以用于 Web 应用程序、网页和 XMLWeb 服务的构建和存放，支持双处理器。

（2）Windows Server 2003 标准版。标准版能够支持 4 个处理器，最高支持 4GB 的内存；支持智能文件和打印机的共享；支持双向对称多处理模式；允许部署集中化的桌面应用程序；能够提供如 Internet 共享连接、验证服务等安全的 Internet 连接。标准版提供了较高的安全性、可靠性以及可伸缩性，是能够满足中小型企业日常需要的多用途网络操作系统，一般适用于中小型企业。

（3）Windows Server 2003 企业版。企业版有 32 位和 64 位两个版本，灵活性和可伸缩性比较强。与标准版相比，企业版支持高性能的服务器；支持 8 路的对称多处理方式；支持 8 节点的群集，能够处理更大的负荷；最高可支持 64GB 的内存。企业版能够满足各种规模企业的一般用途，是各种基础架构、Web 服务和应用程序的理想平台。它能够提供高性能、高可靠性的商业价值，一般适用于大中型企业环境，是运行某些应用程序，如消息传递、联网、文件打印等应用的系统。

（4）Windows Server 2003 数据中心版。数据中心版分为 32 位和 64 位两个版本，因此可伸缩性和灵活性较强。其中，32 位操作系统支持 8 节点集群，最高可以支持 512GB 的内存；64 位操作系统支持 8 节点集群，最高可以支持 512GB 的内存。数据中心版是一个强大的服务器操作系统，一般适用于大中型企业的应用环境。

4.Windows Server 2008

Windows Server 2008 继承了 Windows Server 2003 的一些特点，它是微软在 2008 年推出的一款网络操作系统，主要用于强化下一代网络、Web 服务以及应用程序的功能，提高了网络环境的安全性。WindowsServer2008 通过网络和虚拟化技术，提高了基础服务器设备的可靠性，降低了成本，并为用户提供了丰富的用户体验及高度安全的网络基础架构。Windows Server 2008 基于不断变化的服务器需求，发行了 5 种版本，分别如下：

（1）Windows Server 2008 标准版。标准版的 WindowsServer2008 操作系统比较稳定，通过内置的虚拟机技术，能够为用户提供高度安全的服务器基础架构。该版本安全性比较强，能够使成本降低、节省时间。另外，Windows Server 2008 提高了网络环境的安全性，能够为企业提供一个高度信赖的基础。

（2）Windows Server 2008 企业版。企业版的 WindowsServer2008 操作系统能够部署企业的一些关键应用，为用户提供企业级的平台；它利用虚拟化授权权限能够整合应用程序，降低基础架构的成本；企业版具备热添加处理器功能和群集功能，能够改善系统的可用性；同时，其整合的身份管理功能，也能够提高整个系统的安全性能。

（3）Windows Server 2008 数据中心版。此版本主要用于企业级虚拟化和扩充解决方案的建立，它能够提供企业级平台，可以在小型或者大型服务器上部署大规模的虚拟化及关键性的企业应用；它通过无限制的虚拟化许可授权，能够降低基础架构的成本；另外，它所具备的动态硬件分割功能和群集功能，能够提高系统的可用性。

（4）Windows Server 2008 Web 版。Web 版整合了重新设计架构的 ASPNET、Microsoft NET Framework 以及 IIS7.0，它能够为企业提供 Web 应用程序、Web 服务以及

快速部署网站的服务，是一款为单一用途的 Web 服务器设计的系统。

（5）Windows Server 2008 forItanium-Based Systems。此版本的网络操作系统可扩充性好，能够针对大型数据库以及各种企业进行优化，满足一些要求较高的关键性解决方案的要求。

（6）Windows HPC Server 2008。此版本能够为高效率的 HPC 环境提供企业级的工具及扩展性，可以有效扩充上千个处理器核心，其所提供的管理控制台，能够协助管理员对系统的健康状况及稳定性进行监督及维护，在作业调度方面的灵活性及互操作性能够实现 Windows 的 HPC 平台与 Linux 的 HPC 平台之间的整合。

5.Windows Server 2012

Windows Server 2012 是微软于 2012 年推出的一款服务器操作系统，它是 Windows8 的服务器版本，也是 WindowsServer2008R2 的升级版本。它包含很多的新功能，如 Hyper-V、虚拟化技术和云计算等，是一个功能强大、灵活性强的平台。该操作系统通过云计算技术，能够向服务商和企业提供优化的基础架构，动态性好、可伸缩性强。

Windows Server 2012 增加的功能有如下 8 种：

（1）网卡组合。WindowsServer2012 是第一个内嵌 NIC 的 Windows Server 版本，它允许管理员对 NIC 进行整合，能够较好地实现宽带聚合和故障转移。

（2）图形用户界面。WindowsServer2012 的外观类似于 Windows8（Server Core 模式下安装情况除外），管理员在 GUI 选项和 Server Core 之间可以进行切换，不需重新安装。

（3）活动目录。WindowsServer2012 改进了活动目录的一些功能，它能够在非本地运行的状况下，帮助管理员将基于云计算的服务器加载到域控制器。其虚拟化的服务器可以进行完整克隆，简化了域级别。

（4）地址管理。通过地址管理角色，可以用于企业网络的 IP 地址空间的监测、发现和管理等功能。

（5）群集。能够实现自动化的群集识别，使其在更新过程中整个群集能够始终保持在线，可用性较高。

（6）Hyper-V。相较之前的版本，Windows Server 2012 提供了可扩展的虚拟交换机，允许虚拟网络的扩展功能。

（7）存储迁移。Windows Server 2012 允许动态存储迁移。

（8）文件系统。Windows Server 2012 的文件服务器中增加了弹性的文件系统。

6.Windows Server 2016

Windows Server 2016 是微软在 2016 年推出的一款操作系统，它是最新的服务器操作系统，在功能及设计风格上与 Windows 10 比较接近，可以看作 Windows10 的服务器版本。WindowsServer2016 在应用程序效率和灵活性、弹性计算、拓展安全性、简化网络、缩减存储成本等方面有了明显的改进，它引入了新技术，能够轻松转移到云计算，其增加的新功用有如下 5 种：

（1）弹性核算。Windows Server 2016 启用了新的安装选项并添加了弹性，能够在不限制灵活性的前提下，协助用户实现基础设施的安稳性。

（2）提高了安全性。Windows Server 2016 引进了新的安全层，能够规避新出现的要挟，加强了平台的安全性。

（3）简化网络。Windows Server 2016 为用户数据中心带来了 SDN 架构以及网络中心功用集，能够简化网络。

（4）灵活性强。Windows Server 2016 引进了一些新的方法，用于封装、布置、测验及维护。

（5）降低了存储成本。Windows Server 2016 能够在保障可控添加及弹性的基础上，增加存储功能，降低了成本。

（二）Netware

Netware 是美国的 Novell 公司开发的一款网络操作系统，它是一款早期比较流行的网络操作系统。Netware 是基于模块化的思想所开发的一个开放式系统，对不同的网络协议环境、不同的工作平台能够提供一致的服务，方便对其扩充。它支持分布式的网络操作环境，能够集成不同位置上的文件服务器，实现对资源的统一管理。此外，它还提供网络视频、文档管理以及图像等方面的增强功能，能够为企事业单位提供一个高性能的综合平台。其基本特点有如下 6 个：

1. 多任务、高性能

Netware 是一个多任务的网络操作系统，它能够同时运行多个进程，并直接管理文件服务器的 CPU 和存储器，提高了访问速度。同时，它还提供了对硬件资源的并发访问机制，实现了对文件系统的统一管理。

2. 增强了网络安全性

Netware 在网络安全保护方面提供了多个级别的保护措施，增强了网络安全性。同时，它的较高版本还提供了容错机制，能够防止数据丢失，提高了可靠性。

3. 灵活的网络系统结构

Netware 能够支持多种操作系统和不同类型的网络拓扑结构，并且能够支持多种局域网的标准协议，实现各种不同网络之间的无缝通信，软、硬件的适应性强。

4. 网络管理方便

Netware 能够提供多种实用程序，用于网络监控及网络管理，在网络管理方面比较方便。

5. 开放的网络开发环境

Netware 能够提供多种应用程序接口，允许用户根据需要开发应用模块。

6.目录管理先进

Netware 的目录服务能够提供集成管理的机制，无论资源的地理位置如何都能对其任意访问。

（三）UNIX

UNIX 操作系统，是一个多用户、多任务的操作系统，它可用于单机操作系统，也可用于网络操作系统。UNIX 支持多种处理器架构，属于分时操作系统，最早是由 Ken Thompson、Dennis Ritchie 和 Douglas McIlroy 在贝尔实验室开发的。UNIX 的早期源代码是开放的，走向商业化以后不再对外开放，使用 UNIX 名称的 UNIX 系统必须得符合单一的 UNIX 规范，否则只能称为类 UNIX。

UNIX 操作系统具有分时操作，良好的稳定性、健壮性以及安全性等特点，可以被应用于小型机、中型机、大型机，也可被应用于工作组级的服务器。UNIX 操作系统主要有如下 7 个方面的特点：

1.良好的用户界面。UNIX 系统可以通过两种方式来使用：操作命令和面向用户程序的界面，其功能齐全、易于修改和扩充，使用方便。

2.属于一个多用户、多任务的分时操作系统。UNIX 系统是一个通用的多用户、多任务系统，它能够同时支持多个计算机程序，支持多用户登录；另外，分时操作系统的内核是 UNIX 系统的核心，内核和外围程序的有机结合，能够提高系统的效率。

3.由 C 语言编写，系统易读、易修改、易移植。

4.良好的网络通信功能。UNIX 系统支持网络通信功能，深受广大用户的喜爱。

5.提供了丰富的系统调用功能，使系统的实现看起来十分简洁。

6.采用树状目录结构。系统具有良好的安全性及可维护性，并且能够扩大文件的存储空间。

7.提供了多种通信机制，如软中断通信、共享存储器通信和管道通信等。

（四）Linux

Linux 是一个可以免费使用及自由传播的类 UNIX 的操作系统，它能够提供一个多用户、多任务、多进程的运行环境，经过互联网上众多技术人员的设计，不断得到扩充。Linux 系统的功能、运行方式与 UNIX 类似，其最大特色是源代码开放。Linux 操作系统具有如下 7 个特点：

1.开放性

Linux 系统遵循世界标准规范，即凡是遵循世界标准规范（OSI）所开放的软、硬件之间都兼容，便于互连。

2. 真正的多任务

多用户。Linux 系统支持多个程序同时并独立地运行；另外，Linux 系统支持多用户，即各个用户对于自己的资源都有特殊的权利，相互之间互不影响。

3. 良好的用户界面

Linux 系统提供了文本界面和图形界面，使用方便。

4. 可移植性强

Linux 系统支持广泛的应用程序，能在任何平台、任何环境中运行，具有良好的可移植性。

5. 网络功能丰富

Linux 系统有完善的内置网络，网络功能强大，在通信及网络方面的功能都优于其他系统。

6. 安全性高

Linux 系统能够为网络用户提供必要的安全保障，如一些对读写权限的控制以及核心授权的安全措施。

7. 设备独立性

Linux 系统是一个独立的操作系统，它可以把所有的外设统一当作文件来看待，只要安装驱动程序即可使用。

近几年来，Linux 系统在个人领域及商业领域的应用非常广泛，它以丰富的应用程序、低廉的价格及友好的图形界面，受到了众多用户的青睐。

五、网络操作系统的选用原则

网络操作系统的选择会影响整个网络性能的好坏，因此在选用网络操作系统的时候要从网络的应用出发。首先对组建的网络进行分析，看其究竟需要提供什么样的服务，然后分析各种网络操作系统提供的服务及特点，最后确定网络操作系统。网络操作系统的选择一般应遵循如下五个原则。

（一）可靠性

网络操作系统是网络的核心，它应该具有良好的稳定性，且较为可靠，因此，应该选择产品成熟、技术先进、应用比较广泛的网络操作系统。

（二）标准化

网络操作系统所提供的服务应该符合国际标准，这样有利于系统的升级及应用的迁移。另外，采用符合国际标准的网络操作系统，可以确保不同网络之间的兼容性，实现网络资源的共享与服务的互容。

（三）网络应用服务的支持

从网络应用的角度出发，网络操作系统应该能够提供全面的服务，如 Web 服务、FTP 服务以及 DNS 服务等，并且能够很好地支持第三方应用系统，从而保证提供完整的网络应用。

（四）安全性

网络环境一般比较复杂，也容易受到黑客的攻击及病毒的传播。所以，应该选择能够支持多种级别安全管理的、健壮的网络操作系统。

（五）易用性

在选择网络操作系统的时候，应该选择容易操作、便于管理的网络操作系统，这样能够简化管理，提高工作效率。

不同的网络操作系统有不同的特点，在实际的网络建设过程中，我们通常还会考虑以下三个方面的因素。

1.成本

选择网络操作系统的一个主要因素就是成本，在选择网络操作系统时，应该从实际出发，根据现有的财力、技术等，选择经济适用的系统。

2.可集成性

可集成性指的是操作系统对软、硬件的容纳能力，硬件平台的无关性对操作系统来说尤其重要。不同的用户，在构建网络时，所组建网络的软、硬件环境也不相同，所以网络操作系统应该尽可能多地管理各种软、硬件资源。

3.可扩展性

可扩展性指的是对现有系统的扩充能力。选择的网络操作系统应该易于扩展，当用户需求增加时，网络的处理能力也能及时扩展，这样可以提高资源的利用率。

第四节 Windows Server2016的安装和配置

Windows Server2016 的安装与配置在虚拟机里进行。

一、虚拟机的概念

虚拟机（Virtual Machine），是指通过软件模拟出来的一个完整的计算机系统，该系统具有完整的硬件系统功能，运行在一个完全隔离的环境之中，物理计算机中所能够实现的操作都能够通过虚拟机来实现。

常用的软件有 Virtual PC、Oracle VMVirtual Box、VMware Workstation，其中 VMware Workstation 是一款功能强大的桌面虚拟计算机软件。本书以虚拟机软件 VMware Workstation 为例介绍 Windows Server 2016 的安装与配置，其虚拟机的安装过程如下。

1. 运行 VMware Workstation 软件安装包，如图 2-3 所示。

图2-3　运行安装包

2. 在虚拟机软件的"安装向导"界面中，单击"下一步"按钮，如图 2-4 所示。

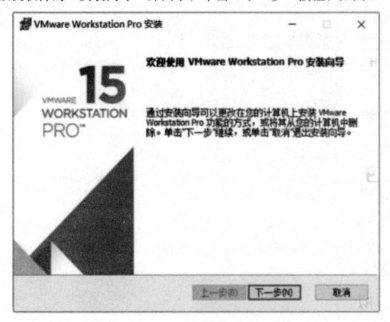

图2-4　安装向导界面

3. 进入"最终用户许可协议"界面，勾选"我接受许可协议中的条款"复选框，单击

"下一步"按钮，如图 2-5 所示。

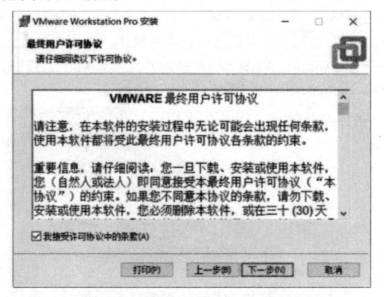

图2-5 "最终用户许可协议"界面

4. 选择虚拟机的安装位置，单击"下一步"按钮，如图 2-6 所示。

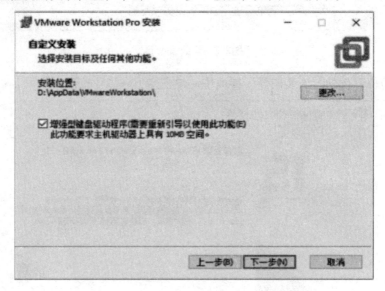

图2-6 安装位置

5. 进入"用户体验设置"界面，用户可以选择默认设置，单击"下一步"按钮，如图 2-7 所示。

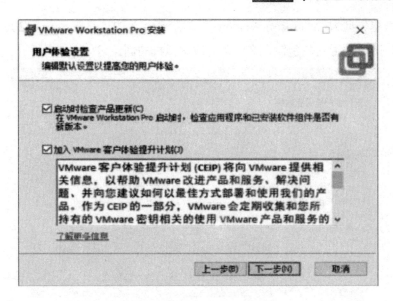

图2-7 "用户体验设置"界面

6.勾选"桌面"复选框，创建快捷方式，单击"下一步"按钮，安装完成，如图2-8所示。

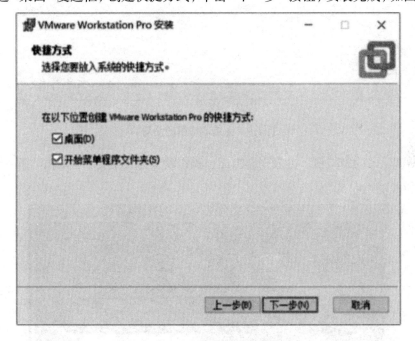

图2-8 创建桌面快捷方式

二、Windows Server 2016 的安装

Windows Server 2016 的安装步骤如下。

1.首先新建虚拟机，选择"稍后安装操作系统"选项。在"选择客户机操作系统"界面选择操作系统类型为"Microsoft Windows"，选择版本为"Windows server 2016"，单击"下一步"按钮。随后设置安装包镜像文件，完成虚拟机的创建，如图2-9所示。

图2-9　完成虚拟机的创建

2.启动创建好的虚拟机，进入安装界面，语言默认为"中文"，单击"下一步"按钮，如图2-10所示。

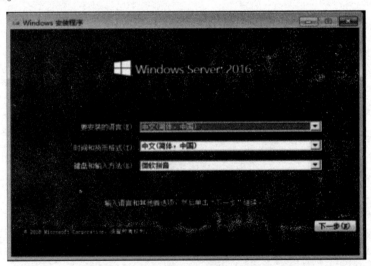

图2-10　安装界面

3.进入"选择要安装的操作系统"界面，选中要安装的系统版本，单击"下一步"按钮，如图 2-11 所示。

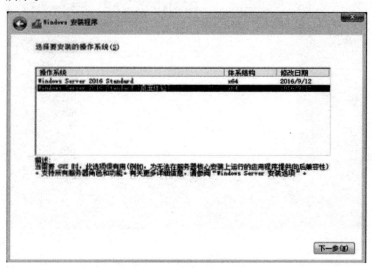

图2-11　选择操作系统

4.进入"适用的声明和许可条款"界面，勾选"我接受许可条款"复选框，然后单击"下一步"按钮，如图 2-12 所示。

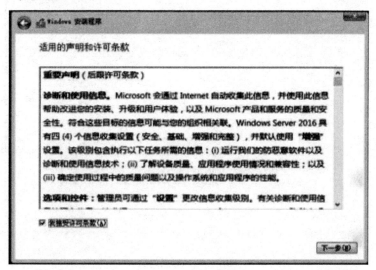

图2-12　选择接受许可条款

5.进入"你想执行哪种类型的安装？"界面，选择安装类型，如图 2-13 所示。

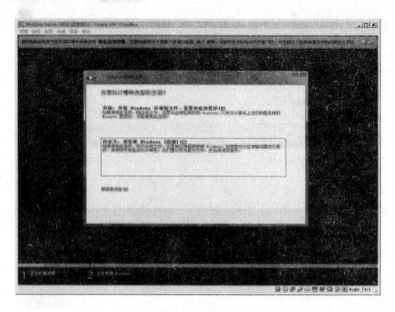

图2-13　选择安装类型

6.进入"你想将 Windows 安装在哪里？"界面，选择要安装操作系统的磁盘分区，单击"下一步"按钮，开始安装，如图 2-14 所示。

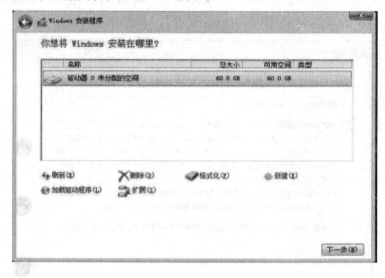

图2-14　磁盘分区

7.安装结束后，在如图 2-15 所示的界面中输入用户名、密码，并单击"完成"按钮。

图2-15　自定义设置

三、DNS 服务器配置

在网络环境中，如果想让网络用户能够快速访问本地网络以及 Internet 上的资源，则需要部署 DNS 服务器，并进行相关的配置。

若想成功配置 DNS 服务器，首先需要为网络中的每个计算机配置一个唯一的地址，以确保 DNS 客户端能够定位到 DNS 服务器。另外，该 DNS 服务器还需保证能与 Internet 正常连接，这样 DNS 服务器才能够解析 Internet 上的域名。

（一）安装DNS服务器角色

安装 DNS 服务器角色的步骤如下。

1. 打开"开始"菜单，执行"管理工具"命令，启动服务器管理器，在窗口中选择"添加角色和功能向导"选项。

2. 进入"选择安装类型"界面，选中"基于角色或基于功能的安装"单选按钮，然后单击"下一步"按钮。

3. 进入"选择目标服务器"界面，在窗口中选择已有的本地服务器，然后单击"下一步"按钮。

4. 进入如图 2-16 所示的"选择服务器角色"界面，在窗口中勾选"DNS 服务器"复选框，单击"下一步"按钮。

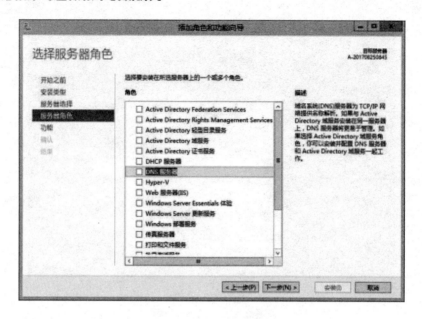

图2-16　选择DNS服务器

5. 安装 DNS 服务器，等待安装完成以后单击"关闭"按钮。

（二）配置DNS服务器

打开服务器管理器，执行"工具" | "DNS"命令，打开"DNS 管理器"窗口，可以进行 DNS 服务器的正向查找区域和反向查找区域的配置。

1.创建正向查找区域

（1）在"DNS 管理器"窗口左侧右击"正向查找区域"选项，在弹出的快捷菜单中执行"新建区域"命令，弹出如图 2-17 所示的"新建区域向导"对话框，单击"下一步"按钮。

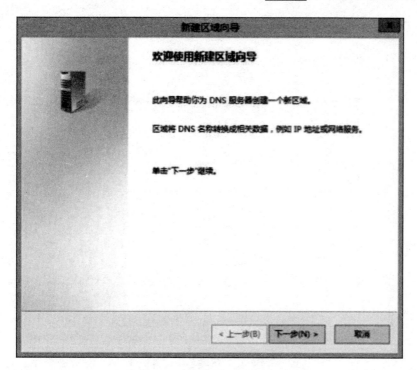

图2-17 "新建区域向导"对话框

（2）在"区域类型"界面中进行"区域类型"的设置，选择要创建的区域类型，单击"下一步"按钮，如图2-18所示。

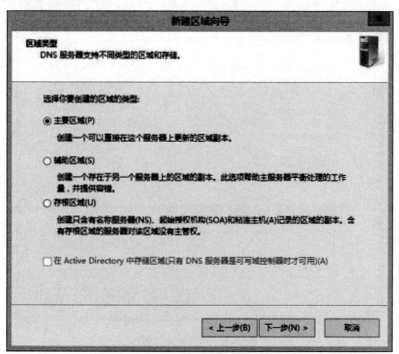

图2-18 区域类型设置

（3）在"区域名称"界面中执行区域名称的设置，单击"下一步"按钮，如图2-19所示。

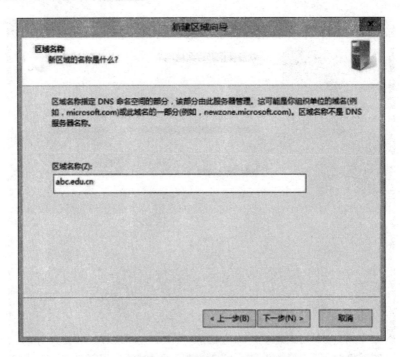

图2-19　区域名称设置

（4）在"区域文件"界面中进行区域文件的设置，在该界面中设置区域的文件名或选择已有的区域文件，单击"下一步"按钮，如图 2-20 所示。

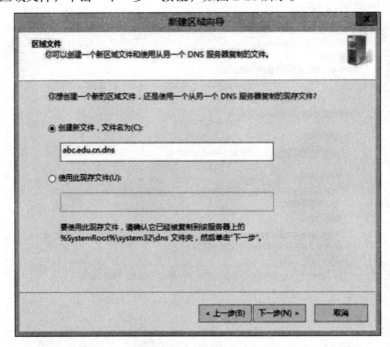

图2-20　区域文件设置

（5）在"动态更新"界面中进行动态更新的设置，在"动态更新"界面，选中"不允许动态更新"单选按钮，单击"下一步"按钮，如图 2-21 所示。

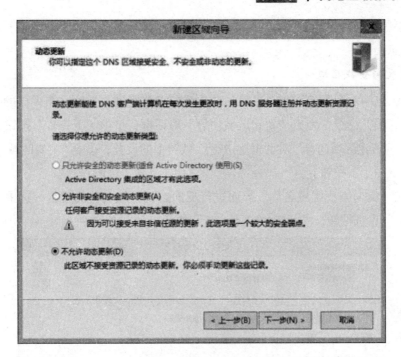

图2-21 动态更新设置

（6）通过"正在完成新建区域向导"界面，可以查看刚刚设置的区域信息，单击"完成"按钮，区域创建完成。

（7）返回"DNS管理器"窗口，在左侧列表中展开"正向查找区域"节点，右击"abc.edu.cn"，选择"新建主机"选项，设置DNS服务器的主机信息，如图2-22所示。

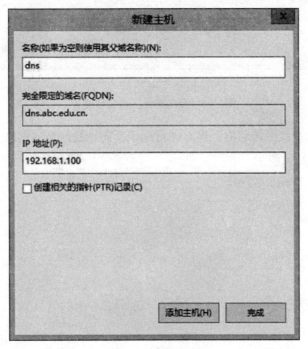

图2-22 新建主机

（8）参照上面的操作过程，可以为 Web 服务器添加主机信息，并能查看最终的正向查找区域信息。

2. 创建反向查找区域

（1）在"DNS 管理器"窗口左侧右击"反向查找区域"选项，在弹出的快捷菜单中执行"新建区域"命令，弹出"新建区域向导"对话框，单击"下一步"按钮。

（2）在"新建区域向导"对话框中进行区域类型的设置，选中"主要区域"单选按钮，然后单击"下一步"按钮。

（3）在"反向查找区域名称"界面进行反向查找区域名称的设置，选中"IPv4 反向查找域（4）"单选按钮，然后单击"下一步"按钮，如图 2-23 所示。

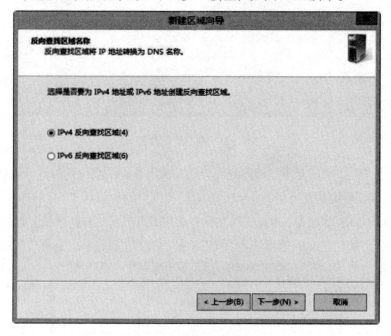

图2-23　反向查找区域名称设置

（4）在"反向查找区域名称"界面进行标识反向查找区域的网络 ID 设置，单击"下一步"按钮，如图 2-24 所示。

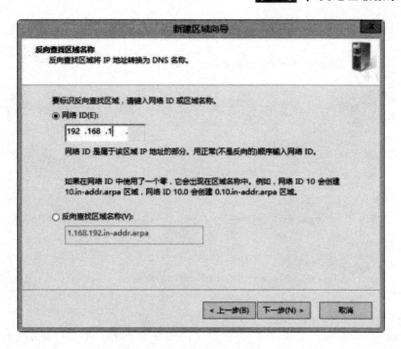

图2-24　标识反向查找区域名称设置

（5）进入"区域文件"界面，保持默认设置，单击"下一步"按钮，如图 2-25 所示。

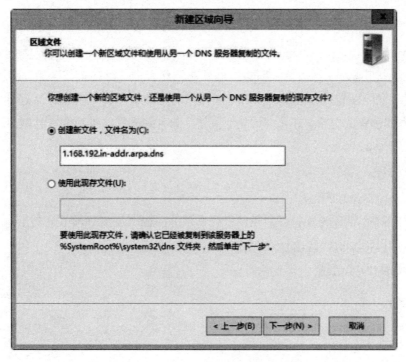

图2-25　区域文件设置

（6）进入"动态更新"界面，选中"不允许动态更新"单选按钮，单击"下一步"按钮，如图 2-26 所示。

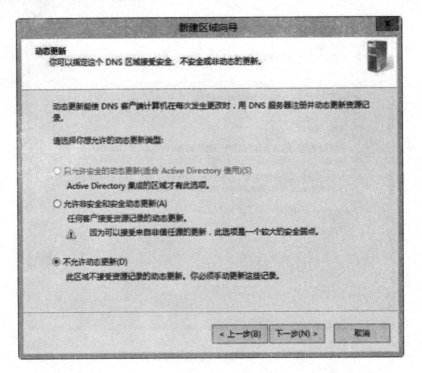

图2-26　动态更新设置

（7）进入"正在完成新建区域向导"界面，可以查看创建好的"反向查找区域信息"，单击"完成"按钮。

（8）返回到"DNS 管理器"窗口，展开左侧列表中"反向查找区域"节点，右击列表中刚刚创建好的反向查找区域，选择"新建指针"选项。在"新建资源记录"窗口，输入 DNS 服务器的资源记录，单击"确定"按钮，即可完成反向查找区域的创建，如图 2-27 所示。

3. 验证 DNS

验证 DNS 的步骤如下。

（1）打开"本地连接属性"对话框，选择"Internet 协议版本 4（TCP/IPv4）"选项，打开"属性"对话框。在"首选 DNS 服务器"文本框中输入地址"192.168.1.100"，单击"确定"按钮，如图 2-28 所示。

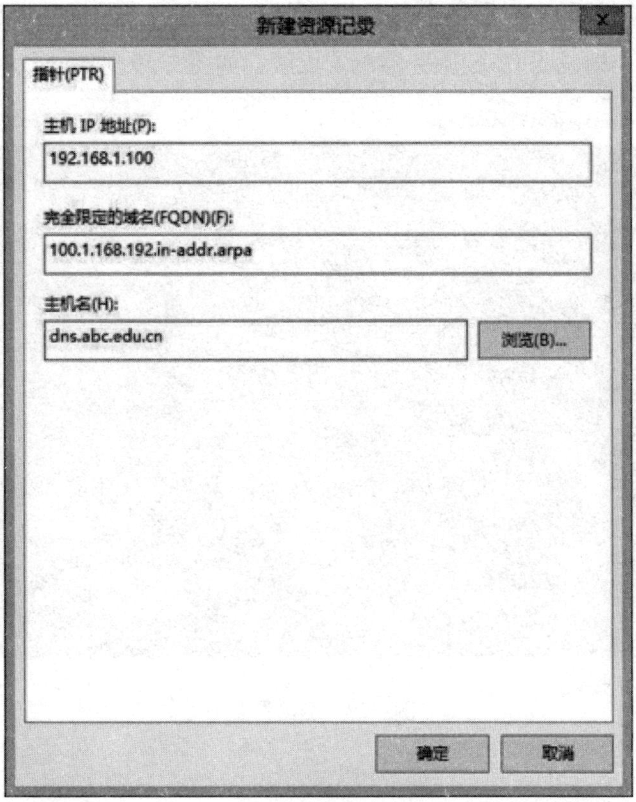

图2-27 新建资源记录

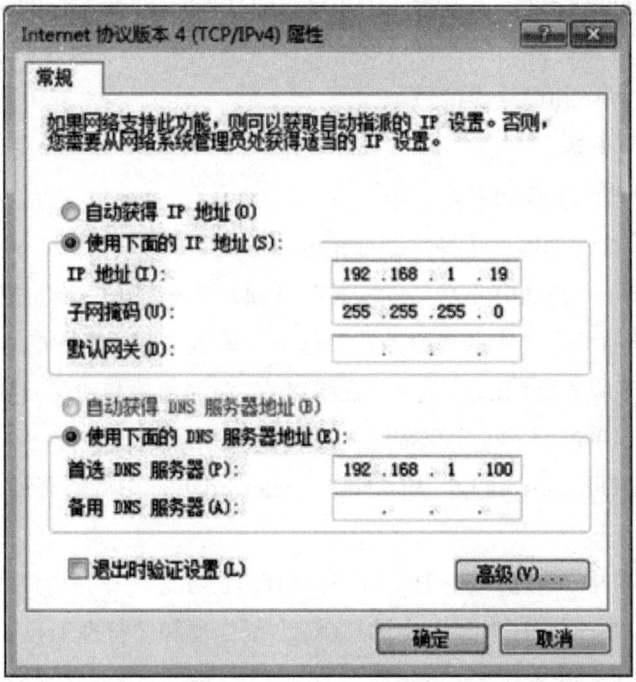

图2-28 设置DNS服务器

（2）在客户端打开 DOS 命令窗口，执行 PING 命令测试与服务器的连通性。如果客户端测试结果通过，则说明 DNS 服务器配置无误，如图 2-29 所示。

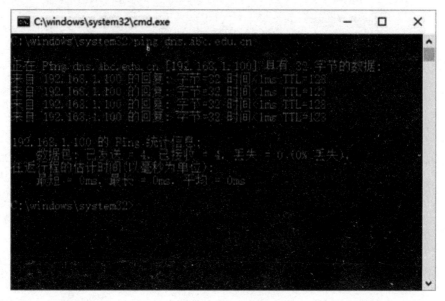

图2-29　测试界面

四、IIS 服务器配置

IIS 内置在 Windows Server2016 中，是由微软公司提供的基于 Microsoft Windows 的互联网基本服务。通过该服务的配置，可以实现网站的发布。IIS 服务器配置包括安装 Web 服务器、创建 Web 网站和创建虚拟目录。

1. 安装 Web 服务器

安装 Web 服务器的步骤如下。

（1）打开服务器管理器，选择"添加角色和功能"选项。

（2）选择"基于角色或基于功能的安装"选项，单击"下一步"按钮。

（3）选择"从服务器池中选择服务器"选项，单击"下一步"按钮。

（4）选择"Web 服务器（IIS）"选项，在弹出的"添加角色和功能向导"窗口中选择"添加功能"选项即可，单击"下一步"按钮，如图 2-30 所示。

（5）勾选".NETFramework3.5"和".NETFramework4.6"中的所有组件，单击"下一步"按钮。

（6）在角色服务中，勾选"安全性"和"常见 HTTP 功能"中的所有功能，单击"下一步"按钮。另外，勾选"应用程序开发"中的"CGI"复选框和"管理工具"中的"管理服务"复选框，其他保持默认即可。

（7）单击"安装"按钮。

图2-30　安装界面

2. 创建 Web 网站

创建 Web 网站的步骤如下。

（1）打开"服务器管理器"，执行"工具" | "Internet Information Services（IIS）管理器"命令，打开"Internet Information Services（IIS）管理器"窗口。在左侧窗口中右击"网站"选项，打开"添加网站"对话框，如图 2-31 所示。

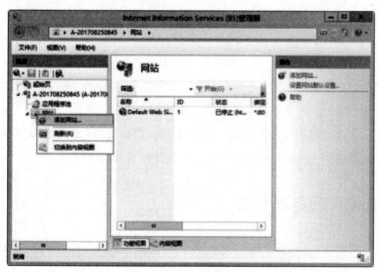

图2-31　添加网站

（2）在"添加网站"对话框中设置学院的网站名称、存储的物理路径、主机名等信息，如图 2-32 所示，单击"确定"按钮，完成新网站的创建。

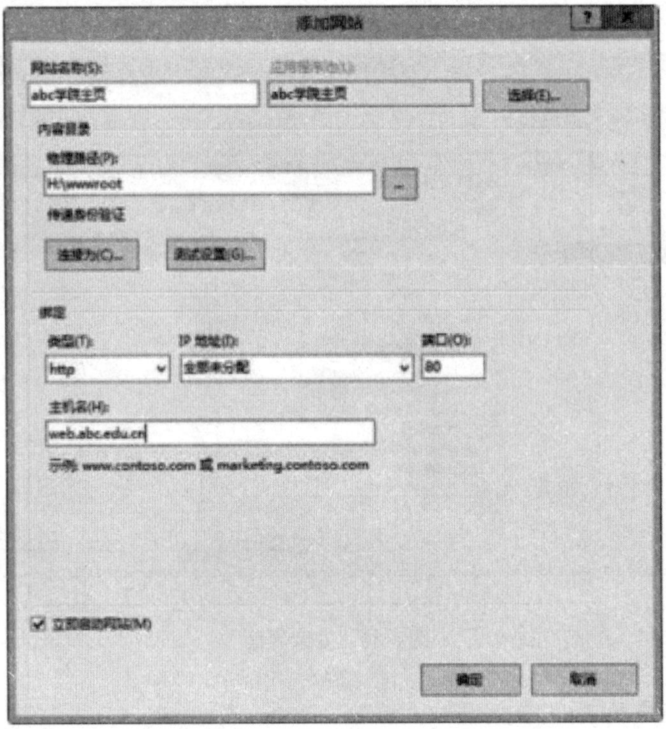

图2-32　完成新网站的创建

（3）打开浏览器，在地址栏输入"http：//web.abc.edu.cn/"，测试是否能够访问。

3. 创建虚拟目录

在创建 Web 网站时，其网站的内容可以保存在一个或多个目录下面，也可以保存在多个计算机的多个目录中，为了便于网站内容的发布，可以通过创建虚拟目录来实现。步骤如下。

（1）打开"IIS 管理器"窗口，在左侧窗口中右击"abc 学院主页"选项，在弹出的快捷菜单中执行"添加虚拟目录"命令。

（2）在打开的对话框中输入别名、物理路径等信息，即可完成虚拟目录的添加。

（3）在浏览器的地址栏中输入网站地址，测试是否能够访问。

五、DHCP 服务器配置

在组建好的网络中，使用 DHCP 服务能够为网络内的客户机自动分配如 IP 地址、子网掩码、默认网关等信息。

1. 安装 DHCP 服务器

在安装 DHCP 服务器之前，需在当前电脑上设置固定的计算机名和 IP 地址，并确保局域网之间能够连通。安装 DHCP 服务器的步骤如下。

（1）打开"服务器管理器"窗口，选择"添加角色和功能"选项，在打开的"添加角色和功能向导"对话框中，勾选"DHCP 服务器"复选框，如图 2-33 所示。

图2-33　安装界面

（2）连续单击"下一步"按钮，然后单击"安装"按钮。

（3）DHCP 服务器安装完成以后，选择"完成 DHCP 配置"选项。

（4）DHCP 服务配置完毕，重启服务器即可完成配置。

2. 配置 DHCP 服务器

配置 DHCP 服务器的步骤如下。

（1）打开服务器管理器，打开 DHCP 服务器窗口。

（2）在 DHCP 服务器窗口中，展开服务器节点，右击"IPv4"选项，选择"新建作用域"选项。

（3）在"新建作用域向导"对话框中，单击"下一步"按钮，如图 2-34 所示。

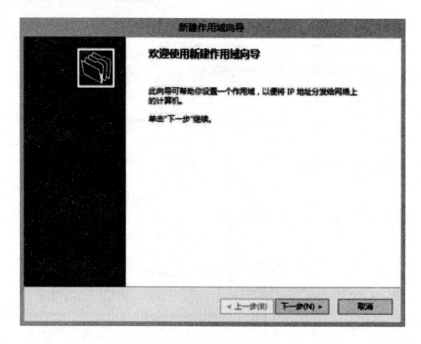

图2-34　新建作用域

（4）进入"作用域名称"界面，设置作用域名称，单击"下一步"按钮，如图2-35所示。

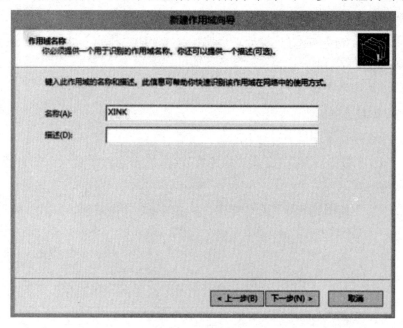

图2-35　设置作用域名称

（5）进入"IP地址范围"界面，输入IP地址范围，单击"下一步"按钮，如图2-36所示。

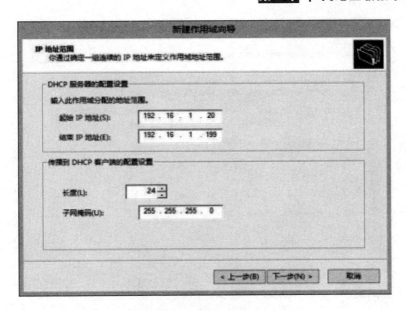

图2-36 输入IP地址范围

（6）在"添加排除和延迟"界面中，根据需要设置排除的 IP 地址以及 IP 地址范围，如图 2-37 所示。

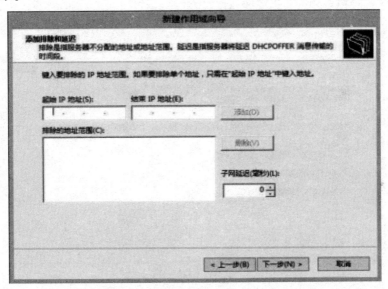

图2-37 设置排除的IP地址及IP地址范围

（7）在"租用期限"界面中，用户可以根据实际情况设置限定时间，默认为 8 天，单击"下一步"按钮，如图 2-38 所示。

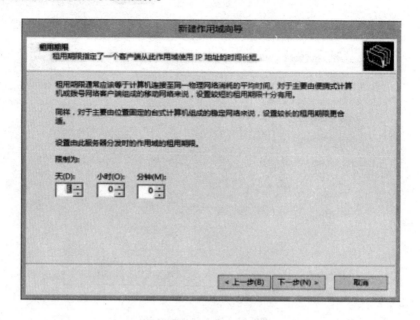

图2-38　设置租用期限

（8）在"配置 DHCP 选项"界面中，选中"是，我想现在配置这些选项"单选按钮，单击"下一步"按钮，如图 2-39 所示。

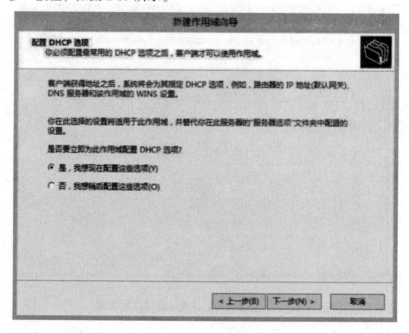

图2-39　配置DHCP选项

（9）在"路由器"（默认网关）界面中，可以配置网关信息，如图 2-40 所示。

（10）在"域名称和DNS服务器"界面中，输入"服务器名称"和"IP 地址"，单击"下一步"按钮。

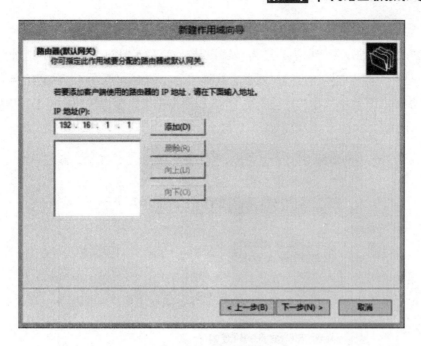

图2-40 设置默认网关

（11）在"激活作用域"界面中，选中"是，我想现在激活此作用域"单选按钮，单击"下一步"按钮，如图 2-41 所示。

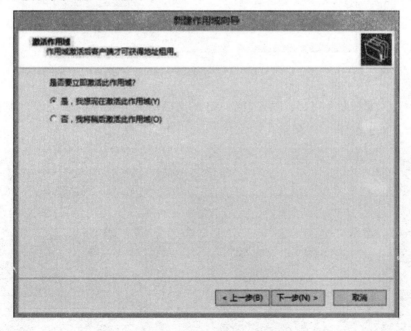

图2-41 "激活作用域"对话框

（12）进入"正在完成新建作用域向导"界面，单击"完成"按钮，通过 DHCP 服务器可以查看创建的作用域，并可对作用域进行修改。

3.DHCP 客户端设置

DHCP 服务器端设置好以后，还需将客户端计算机配置成自动获取 IP 地址的方式。

（1）打开"本地连接属性"对话框，选择"Internet 协议版本 4（TCP/IPv4）"选项，选中"自动获得 IP 地址"和"自动获得 DNS 服务器地址"单选按钮，单击"确定"按钮，如图 2-42 所示。

图2-42　设置IP地址

（2）打开 DOS 命令窗口，输入 IPCONFIG/ALL 命令。如果测试无误，则表示 DHCP 服务器配置正确，如图 2-43 所示。

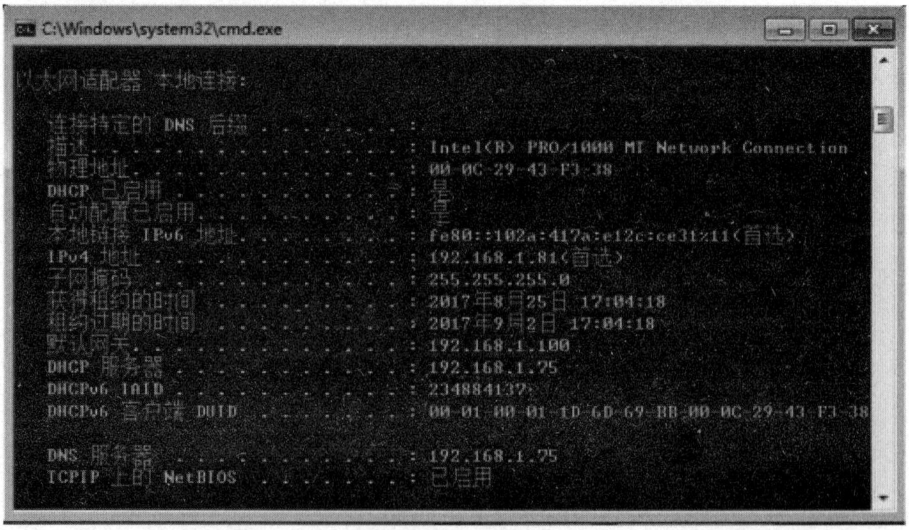

图2-43　测试界面

第三章　虚拟化技术概述

随着计算机软件的功能和结构日趋复杂，软件安全漏洞形成概率不断增加，并且暴露的频率也不断增大。根据美国国家漏洞数据库的统计，2009 年总计报告了 5733 个软件漏洞，其中高危险性漏洞的比例超过了 1/3。如果这些高危漏洞被黑客非法利用，将会给计算机系统带来严重的危害，如篡改用户数据甚至控制整个计算机系统。此外，许多病毒程序和恶意代码也利用软件漏洞，并通过网络进行传播，如著名的红色代码病毒和蓝宝石蠕虫病毒。这些病毒程序的出现严重阻塞了全球的网络，给全世界造成了重大的经济损失。

为了提高应用软件的安全，传统的解决方法通常是在操作系统内核中插入安全模块，以增强对上层应用程序的管理和控制，如可以在 Linux 系统中增加 SELinux 和 App Armor 安全模块。操作系统拥有庞大的代码，自身存在安全漏洞的可能性相当大，几乎所有通用操作系统都有安全漏洞，在操作系统内核层实现的安全机制并不能完全保证上层应用程序的安全。此外，传统的安全机制也无法对操作系统内核本身进行保护。

虚拟化技术的出现为提高软件安全提供了新的技术途径。虚拟化概念最初由 IBM 公司于 20 世纪 60 年代提出。当时人们研究虚拟化技术的目的是充分利用相对昂贵的硬件资源。由于硬件成本不断降低，使得 20 世纪 80 年代和 90 年代对虚拟化技术的研究趋于沉寂。近年来，随着硬件性能的不断提升，在普通机器（如 PC 机）上同时运行多个互不相干的操作系统已经成为可能，虚拟化技术又重新受到学术界和工业界的关注。

实现系统虚拟化的常用方法是利用虚拟机监控器（Virtual Machine Monitor，VMM）为上层操作系统提供一组物理硬件抽象。由于虚拟机监控器在最底层运行，对上层客户机系统拥有完全的控制权，使得在虚拟机监控器内部实现软件安全保护机制成为可能。与通用操作系统相比，虚拟机监控器的代码量要小很多，并且对外界提供的接口也很简单，因此比较适合成为可信计算平台。此外，在虚拟机监控器内部实现软件安全保护机制不会给上层操作系统和应用程序带来兼容性问题。目前，国内外大量的科研机构都开始研究如何利用虚拟化技术来解决传统的软件安全问题。近年来，以虚拟化技术为基础的云计算得到迅猛发展，越来越多的应用服务被部署到云中，如何保证这些云中软件的安全已成为云计算发展所面临的重大挑战。

第一节 虚拟化技术背景

20 世纪 60 年代，IBM 公司推出虚拟化技术，主要用于当时的 IBM 大型机的服务器虚拟化。虚拟化技术的核心思想是利用软件或固件管理程序构成虚拟化层，把物理资源映射为虚拟资源。在虚拟资源上可以安装和部署多个虚拟机，实现多用户共享物理资源。

云计算中运用虚拟化技术主要体现在对数据中心的虚拟化上。数据中心是云计算技术的核心，近 10 年来，数据中心规模不断增大、成本逐渐上升、管理日趋复杂。数据中心为运营商带来巨大利益的同时，也带来了管理和运营等方面的重大挑战。

传统的数据中心网络不能满足虚拟数据中心网络高速、扁平、虚拟化的要求。传统的数据中心采用的多种技术，以及业务之间的孤立性，使得数据中心网络结构复杂，存在相对独立的三张网，包括数据网、存储网和高性能计算网，以及多个对外 I/O 接口。这些对外 I/O 接口中，数据中心的前端访问接口通常采用以太网进行互连，构成高速的数据网络；数据中心后端的存储则多采用 NAS、FCSAN 等接口；服务器的并行计算和高性能计算则需要低延迟接口和架构，如 infiniband 接口。以上这些因素，导致服务器之间存在操作系统和上层软件异构、接口与数据格式不统一等问题。

随着云计算的发展，传统的数据中心逐渐过渡到虚拟化数据中心，即采用虚拟化技术将原来数据中心的物理资源进行抽象整合。数据中心的虚拟化可以实现资源的动态分配和调度，提高现有资源的利用率和服务可靠性；可以提供自动化的服务开通能力，降低运维成本；具有有效的安全机制和可靠性机制，满足公众客户和企业客户的安全需求；同时也可以方便系统升级、迁移和改造。

数据中心的虚拟化是通过服务器虚拟化、存储虚拟化和网络虚拟化实现的。服务器虚拟化在云计算中是最重要和最关键的，是将一个或多个物理服务器虚拟成多个逻辑上的服务器，集中管理，能跨越物理平台而不受物理平台的限制。存储虚拟化是把分布的异构存储设备统一为一个或几个大的存储池，方便用户的使用和管理。网络虚拟化是在底层物理网络和网络用户之间增加一个抽象层，该抽象层向下对物理网络资源进行分割，向上提供虚拟网络。

虚拟机是一台由软件实现的机器，但能像真实的物理机一样运行各种程序。根据虚拟机实现层次的不同，可将其分为三类：应用层虚拟机、操作系统层虚拟机和硬件层虚拟机。应用层虚拟机是用户程序和操作系统之间的一层软件，为上层应用程序提供一个对底层软件和硬件资源进行抽象的跨平台可编程环境。Java 虚拟机（Java Virtual Machine，JVM）是目前使用较为广泛的应用层虚拟机。Java 程序被编译成 Java 字节码（Java Bytes Code），由 JVM 进行解释执行。类似的应用层虚拟机还有微软 .NET 架构下的 CLR（Common

Language Runtime）运行环境。操作系统层虚拟机可看作系统级的隔间（Compartment），其中包含独立的文件系统、进程、用户账户和根账户等。Jail 是 FreeBSD 上的操作系统层虚拟机。该虚拟机允许系统管理员将 FreeBSD 系统分成若干独立的微型系统，称之为Jail。每个 Jail 都拥有独立的系统资源以及相关的配置，从而用户可在不同的 Jail 中运行不同配置的应用程序。OpenVZ 是基于 Linux 的操作系统层虚拟机，它允许在一台物理机上同时运行多个系统实例，并且每个实例可单独管理系统资源。与 Jail 和 OpenVZ 技术类似，Solaris 操作系统提供了区域（Zone）技术，以支持操作系统层虚拟化。硬件层虚拟机允许不同的客户虚拟机共享底层硬件资源，并且不同的客户虚拟机能运行不同的操作系统。此外，硬件层虚拟机技术通过虚拟机监控器（Virtual Machine Monitor，VMM）管理上层操作系统对底层硬件资源的访问。VMware 和 Xen 是目前业界比较流行的硬件层虚拟机。应用层虚拟机和操作系统层虚拟机都无法抵御针对操作系统内核的攻击，因此硬件层虚拟机技术成为当前研究的重点。

一、硬件层虚拟机技术

根据虚拟机监控器在整个计算机系统中实现位置和方法的不同，Popek 和 Goldberg 定义了两类虚拟机监控器模型，即 Type Ⅰ VMM 和 Type Ⅱ VMM。如图 1.1 所示，Type Ⅰ VMM 运行在物理硬件和客户机操作系统之间，可看成是一种特殊的操作系统；Type Ⅱ VMM 运行在现有操作系统之上，通过利用操作系统中现有的各种服务管理和维护上层虚拟机的运行。

为了实现硬件层虚拟化，Popek 和 Goldberg 提出了三条基本准则：同质、高效和资源受控。同质是指程序在虚拟机中运行的行为应与在真正物理机中运行的行为相同。高效是指程序在虚拟机中运行的性能应接近在物理机中运行的性能。为了达到这个目的，必须保证绝大多数机器指令能直接在物理硬件上执行。资源受控是指 VMM 必须完全控制虚拟机所拥有的资源。

图3-1　Type Ⅰ VMM和Type Ⅱ VMM

Popek 和 Goldberg 进一步提出将指令集架构（Instruction Set Architecture，ISA）中的指令分为两类：特权指令和敏感指令。特权指令是指处理器在特权模式下执行的指令。如果这些指令在非特权模式下运行，将会产生异常，并导致处理器切换到特权模式。敏感指令又可分为控制敏感指令和行为敏感指令。控制敏感指令是指那些试图重新配置系统资源的指令，如更新虚拟内存到物理内存映射的指令和修改特权寄存器的指令。行为敏感指令是指那些根据不同硬件资源的配置，表现出不同行为的指令，如加载内存指令。为了使某个体系结构可虚拟化，Popek 和 Goldberg 指出其条件是所有的敏感指令都必须是特权指令。经典的可虚拟化体系结构包括 IBMSystem360/370 和 MotorolaMC6820。然而，业界普遍采用的 x86 体系结构却不能完全支持可虚拟化，其原因在于 x86 指令集架构中有 17 条敏感指令不是特权指令。

为了在 x86 体系结构上实现硬件层虚拟化，有三种不同的解决方法：基于二进制代码翻译（Binary Translation）的完全虚拟化（Full-virtualization）技术、半虚拟化（Para-virtualization）技术和硬件辅助的虚拟化（Hardware Assisted Virtualization）技术。

（一）完全虚拟化技术

以 VMware 为代表的虚拟化平台采用了基于二进制代码翻译的方法实现了系统的完全虚拟化。该技术允许虚拟机中的应用程序直接在 CPU 上运行，而虚拟机中操作系统内核代码则在 VMM 中指令转换引擎的控制下执行。该引擎通过动态扫描内核代码中的敏感指令，将其转换成等价的翻译代码，以确保 x86 体系结构下所有敏感指令均能产生自陷，从而被虚拟机监控器截获。完全虚拟化技术不要求修改操作系统内核，因此具有良好的兼容性。

（二）半虚拟化技术

与完全虚拟化技术不同，半虚拟化技术通过直接修改操作系统使其内核代码中的所有敏感指令均能产生自陷，从而同样实现了系统的虚拟化。典型的半虚拟化系统包括英国剑桥大学开发的 Xen 和美国华盛顿大学开发的 Denali。半虚拟化技术的最大特点是使虚拟机尽可能直接访问硬件资源，以降低由系统虚拟化带来的性能开销。

（三）硬件辅助的虚拟化技术

硬件辅助的虚拟化技术通过增加 x86 处理器的执行模式和相关指令使硬件本身能直接支持系统虚拟化。为了使该项技术商业化，Intel 和 AMD 公司分别推出了 VT（Virtualization Technology）技术和 pacifica 技术。硬件辅助的虚拟化技术的出现降低了虚拟机监控器实现的难度，并且可以避免对客户机操作系统内核进行修改。Xen 从 3.0 版本开始支持 IntelVT 和 AMDPacifica 技术，从而使各种未经修改的操作系统（如 Windows）能直接在 Xen 上运行。

虚拟化技术最早出现在 20 世纪 60 年代。随着近年来多核系统、集群、网格和云计算的普及，虚拟化技术在商业上的应用受到业界越来越多的关注。有超过 80% 的全球百强企业采用了 VMware 的虚拟化产品，而基于 Xen 平台的 AmazonEC2 系统也被广大中小企业甚至个人用户所使用，越来越多的应用服务被部署到虚拟化环境中。

虚拟化技术的最大优势是降低了硬件成本，并且便于管理与维护多个不同类型的操作系统。此外，虚拟化技术还能增强应用软件和系统软件的安全性。虽然目前虚拟化技术带来的安全特性不是影响商业应用的主要因素，但是有研究者指出未来将出现大量基于虚拟化技术的软件安全产品。

二、虚拟化技术的安全特性

与传统技术相比，虚拟化技术为增强软件安全提供了四个特性：

首先，不同虚拟机之间相互隔离，虚拟机中的软件不能访问和修改底层的 VMM 或者运行在其他虚拟机中的程序。因此，即使攻击者完全攻陷了某台虚拟机，也不能破坏该虚拟机之外其他程序的安全。

其次，虚拟机监控器在虚拟化系统中拥有最高权限，因此可以随时检查上层虚拟机的所有状态信息，包括 CPU 寄存器、内存和 I/O 设备状态信息等。该特性保证了虚拟机中恶意程序很难逃避 VMM 的安全检查，其原因在于虚拟机中任何异常状态都可能被虚拟机监控器发现。

再次，虚拟机监控器能动态截获上层虚拟机的某些操作，如软件中断和执行特权指令等。因此，可以将软件安全防护机制集成到 VMM 中，以实现对上层应用软件和系统软件的保护。

最后，虚拟机监控器可以定期为虚拟机设置检查点（Checkpoint），并通过记录虚拟机中非确定性的输入，以回放从某个检查点开始的整个虚拟机执行过程。这种事件记录和回放的特性极大方便了系统管理员分析攻击者的入侵行为，从而正确定位软件安全漏洞。

第二节　服务器虚拟化

目前，服务器虚拟化的概念并不统一。实际上，服务器虚拟化技术有两个方向：一种是把一个物理的服务器虚拟成若干个独立的逻辑服务器，比如分区；另一种是把若干分散的物理服务器虚拟为一个大的逻辑服务器，比如网格技术。服务器虚拟化通过虚拟化层的实现使得多个虚拟机在同一物理机上独立并行运行。每个虚拟机都有自己的一套虚拟硬件，可以在这些硬件中加载操作系统和应用程序。不同的虚拟机加载的操作系统和应用程序可以是不同的。无论实际上采用了什么样的物理硬件，操作系统都将它们视为一组一致、标准化的硬件。

一、服务器虚拟化的层次

不同的分类角度决定了虚拟化技术不同的分类方法。根据虚拟化层实现方式的不同，将服务器虚拟化分为寄居虚拟化和裸机虚拟化两种。

（一）寄居虚拟化

寄居虚拟化的虚拟化层一般称为虚拟机监控器（VMM）。VMM 安装在已有的主机操作系统（宿主操作系统）上，通过宿主操作系统来管理和访问各类资源（如文件和各类 I/O 设备等）。这类虚拟化架构系统损耗比较大。就操作系统层的虚拟化而言，没有独立的 Hypervisor 层。主机操作系统负责在多个虚拟服务器之间分配硬件资源，并且让这些服务器彼此独立。一个明显的区别是，如果使用操作系统层虚拟化，所有虚拟服务器必须运行同一操作系统（不过每个实例有各自的应用程序和用户账户）。虽然操作系统层虚拟化的灵活性比较差，但本机速度性能比较高。此外，由于架构在所有虚拟服务器上，使用单一标准的操作系统，管理起来比异构环境要容易。

（二）裸机虚拟化

裸机虚拟化架构不需要在服务器上先安装操作系统，而是直接将 VMM 安装在服务器硬件设备中，本质上该架构中的 VMM 也可以认为是一个操作系统，一般称为 Hypervisor，只不过是非常轻量级的操作系统（实现核心功能）。Hypervisor 实现从虚拟资源到物理资源的映射。当虚拟机中的操作系统通过特权指令访问关键系统资源时，Hypervisor 将接管其请求，并进行相应的模拟处理。为了使这种机制能够有效地运行，每条特权指令的执行都需要产生"自陷"，以便 Hypervisor 能够捕获该指令，从而使 VMM 能够模拟执行相应的指令。Hypervisor 模拟特权指令的执行，并将处理结果返回给指定的客户虚拟系统，实现了不同虚拟机的运行上下文保护与切换，能够虚拟出多个硬件系统，保证了各个客户虚拟系统的有效隔离。

然而，x86 体系结构的处理器并不是完全支持虚拟化的，因为某些 x86 特权指令在低特权级上下文执行时，不能产生自陷，导致 VMM 无法直接捕获特权指令。目前，针对这一问题的解决方案主要有基于动态指令转换或硬件补助的完全虚拟化技术和半虚拟化技术。完全虚拟化是对真实物理服务器的完整模拟，在上层操作系统看来，虚拟机与物理平台没有区别，操作系统察觉不到是否运行在虚拟平台之上，也无须进行任何更改。因此，完全虚拟化具有很好的兼容性，在服务器虚拟化中得到广泛应用。半虚拟化技术通过修改操作系统代码使特权指令产生自陷。半虚拟化技术最初由 Denali 和 Xen 项目在 x86 体系架构上实现。通过对客户操作系统的内核进行适当的修改，使其能够在 VMM 的管理下尽可能地直接访问本地硬件平台。半虚拟化技术降低了由于虚拟化而产生的系统性能损失。

二、服务器虚拟化的底层实现

（一）CPU虚拟化

CPU 虚拟化技术把物理 CPU 抽象成虚拟 CPU，任意时刻，一个物理 CPU 只能运行一个虚拟 CPU 指令。每个客户操作系统可以使用一个或多个虚拟 CPU，在各个操作系统之间，虚拟 CPU 的运行相互隔离，互不影响。

CPU 虚拟化需要解决正确运行和调度两个关键问题。虚拟 CPU 的正确运行是要保证虚拟机指令正确运行，即操作系统要在虚拟化环境中执行特权指令功能，而且各个虚拟机之间不能相互影响。现有的实现技术包括模拟执行和监控执行。调度问题是指 VMM 决定当前哪个虚拟 CPU 在物理 CPU 上运行，要保证隔离性、公平性和性能。

（二）内容虚拟化

内存虚拟化技术把物理内存统一管理，包装成多个虚拟的物理内存提供给若干虚拟机使用，每个虚拟机拥有各自独立的内存空间。内存虚拟化也是虚拟机管理器的主要功能之一。内存虚拟化的思路主要是分块共享，内存共享的核心思想是内存页面的写时复制（Copy on Write）。虚拟机管理器完成并维护物理机内存和虚拟机所使用的内存的映射关系。与真实的物理机相比，虚拟内存的管理包括三种地址：机器地址、物理地址和虚拟地址。一般来说，虚拟机与虚拟机、虚拟机与虚拟机管理器之间的内存要相互隔离。

（三）I/O设备虚拟化

I/O 设备的异构性和多样性，导致 I/O 设备的虚拟化相较于 CPU 和内存的虚拟化要困难和复杂。I/O 设备虚拟化技术把真实的设备统一管理起来，包装成多个虚拟设备给若干个虚拟机使用，响应每个虚拟机的设备访问请求和 I/O 请求。I/O 设备虚拟化同样是由 VMM 进行管理的，主要有全虚拟化、半虚拟化和软件模拟三种思路。目前主流的设备与 I/O。虚拟化大多是通过软件方式来实现的。

三、虚拟机迁移

虚拟机迁移是将虚拟机实例从源宿主机迁移到目标宿主机，并且在目标宿主机上能够将虚拟机运行状态恢复到其在迁移之前相同的状态，以便能够继续完成应用程序的任务。虚拟机迁移对云计算具有重大的意义，可以保证云端的负载均衡，增强系统错误容忍度，当发生故障时，也能有效恢复。从是否有计划的角度来看，虚拟机迁移包括有计划迁移、针对突发事件的迁移。从虚拟机迁移的源与目的地角度来看，虚拟机迁移包括物理机到虚拟机的迁移（Physiralo-Virtual，P2V）、虚拟机到虚拟机的迁移（Virtual-to-Virtual，V2V）、虚拟机到物理机的迁移（Virtual-to-Physical，V2P）。

（一）虚拟机动态迁移

在云计算中，虚拟机到虚拟机的迁移是关注的重点。实时迁移，就是保持虚拟机运行的同时，把它从一个计算机迁移到另一个计算机，并在目的计算机恢复运行的技术。动态实时迁移对云计算来讲至关重要，这是因为：第一，云计算中心的物理服务器负载经常处于动态变化中，当一台物理服务器负载过大时，比如，某时出现一个用户请求高峰期，若此刻不可能提供额外的物理服务器，管理员可以将其上面的虚拟机迁移到其他服务器，达到负载平衡；第二，云计算中心的物理服务器有时候需要定期进行升级维护，当升级维护服务器时，管理员可以将其上面的虚拟机迁移到其他服务器，等升级维护完成之后，再把虚拟机迁移回来。

虚拟机的迁移包括它的完整的状态和资源的迁移，为了保证迁移后的虚拟机能够在新的计算机上恢复且继续运行，必须要向目的计算机传送足够多的信息，如磁盘、内存、CPU 状态、I/O 设备等。其中，内存的迁移最有难度和挑战性，因为内存中的信息必不可少而且数据量比较大，CPU 状态和 I/O 设备虽然也很重要，但是它们只占迁移总数据量很少的一部分，而磁盘的迁移最为简单，在局域网内可以通过 NFS（Network File System）的方式共享，而非真正迁移。

（二）迁移的步骤

虚拟机的迁移是通过源计算机和目的计算机之间的交互完成的，若把迁移的发起者即源计算机记为主机 A（HostA），目的计算机记为主机 B（HostB），迁移的一般过程可以分为以下六个步骤。

步骤 1：预迁移（Pre-Migration）。主机 A 打算迁移其上的一个虚拟机 VM，首先选择一个目的计算机作为 VM 的新主机。

步骤 2：预定资源（Reservation）。主机 A 向主机 B 发起迁移请求，先确认 B 是否有必需的资源，若有，则预定这些资源；若没有，VM 仍在主机 A 中运行，可以继续选择其他计算机作为目的计算机。

步骤 3：预复制（InleralivePre-Copy）。在这一阶段 VM 仍然运行，主机 A 以迭代的方式将 VM 的内存页复制到主机 B 上。在第一轮迭代中，所有的页都要从 A 传送到 B，以后的迭代只复制前一轮传送过程中被修改过的页面。

步骤 4：停机复制（Stop-and-Copy）。停止主机 A 上的 VM，把它的网络连接重定向到 B。CPU 状态和前一轮传送过程中修改过的页都在这个步骤被传送。最后，主机 A 和主机 B 上有一致的 VM 映象。

步骤 5：提交（Commitment）。主机 B 通知 A 已经成功收到了 VM 的映像，主机 A 对这个消息进行确认，然后主机 A 可以抛弃或销毁其上的 VM。

步骤 6：启动（Activation）。启动迁移到 B 上的 VM，迁移后使用目的计算机的设备驱动，广播新的 IP 地址。

（三）迁移的内容

1. 内存的迁移

内存的迁移是虚拟机迁移最困难的部分。理论上，为了实现虚拟机的实时迁移，一个完整的内存迁移的过程可以分为以下三个阶段。

第一阶段，Push 阶段。在 VM 运行的同时，将它的一些内存页面通过网络复制到目的机器上。为了保证内容的一致性，被修改过的页需要重传。

第二阶段，Stcp-and-Copy 阶段。VM 停止工作，把剩下的页面复制到目的计算机上，然后在目的计算机上启动新的 VM。

第三阶段，Pull 阶段。新的虚拟机运行过程中，如果访问到未被复制的页面，就会出现页错误并从原来的 VM 处把该页复制过来。

实际上，迁移内存没有必要同时包含上述三个阶段，目前大部分的迁移策略只包含其中的一个或者两个阶段。

单纯的 Step-and-Copy 阶段其实就是静态迁移，也就是先暂停被迁移的 VM，然后把内存页复制给目的计算机，最后启动新的 VM。这种方法比较简单，总迁移时间也最短，但是太长的停机时间显然是无法接受的，停机时间和总迁移时间都与分配给被迁移 VM 的物理内存大小成正比，因此并不是一种理想的方法。

Stop-and-Copy 和 Pull 阶段结合也是一种迁移方案。首先在 Stop-and-Copy 阶段只把关键的、必要的页复制到目的机器上，其次在目的机器上启动 VM，剩下的页只有在需要使用的时候才复制过去。这种方案的停机时间很短，但是总迁移时间很长，而且如果很多页都要在 Pull 阶段复制的话，那么由此造成的性能下降也是不可接受的。

Push 和 Stop-and-Copy 阶段结合是第三种内存迁移方案，Xen 米用的就是这种方案。其思想是采用预复制（Pre-Copy）方法，在 Push 阶段将内存页以迭代方式一轮一轮复制到目的计算机上，第一轮复制所有的页，第二轮只复制在第一轮迭代过程中修改过的页，以此类推，第 n 轮复制的是在第 n-l 轮迭代过程中修改过的页。当脏页的数目到达某个常数或者迭代到达一定次数时，预复制阶段结束，进入 Stop-and-C 叩 y 阶段。这时停机并把剩下的脏页，以及运行状态等信息都复制过去。预复制方法很好地平衡了停机时间和总迁移时间之间的矛盾，是一种比较理想的实时迁移内存的方法。但由于每次更新的页面都要重传，所以对于那些改动比较频繁的页来说，更适合在停机阶段，而不是预复制阶段传送。

这些改动频繁的页被称为工作集（Writable Working Set，WWS）。为了保证迁移的效率和整体性能，需要有一种算法能够测定工作集，以避免反复重传。另外，这种方法可能会占用大量的网络带宽，对其他服务造成影响。

2. 网络资源的迁移

虚拟机这种系统级别的封装方式意味着迁移时 VM 的所有网络设备，包括协议状态（如TCP 连接状态）以及 IP 地址都要随之一起迁移。在局域网内，可以通过发送 ARP 重定向包，将 VM 的 IP 地址与目的机器的 MAC 地址相绑定，之后的所有包就可以发送到目的机器上。

3. 存储设备的迁移

迁移存储设备的最大障碍在于需要占用大量时间和网络带宽，通常的解决办法是以共享的方式共享数据和文件系统，而非真正迁移。目前大多数集群使用 NAS（Network Attached Storage，网络连接存储）作为存储设备共享数据。NAS 实际上是一个带有瘦服务器的存储设备，其作用类似于一个专用的文件服务器。在局域网环境下，NAS 已经完全可以实现异构平台之间，如 NT、UNIX 等的数据级共享。基于以上的考虑，Xen 并没有实现存储设备的迁移，实时迁移的对象必须共享文件系统。

四、隔离技术

虚拟机隔离是指虚拟机之间在没有授权许可的情况下，互相之间不可通信、不可联系的一种技术。从软件角度讲，互相隔离的虚拟机之间保持独立，如同一个完整的计算机；从硬件角度讲，被隔离的虚拟机相当于一台物理机，有自己的 CPU、内存、硬盘、I/O 等。它与宿主机之间保持互相独立的状态。从网络角度讲，被隔离的虚拟机如同物理机一样，既可以对外提供网络服务，也可以从外界接受网络服务。

虚拟机隔离是确保虚拟机之间安全与可靠性的一种重要手段，现有虚拟机隔离机制主要包括：网络隔离；构建虚拟机安全文件防护网；基于访问控制的逻辑隔离机制；通过硬件虚拟，让每个虚拟机无法突破虚拟机管理器给出的资源限制；硬件提供的内存保护机制；进程地址空间的保护机制，IP 地址隔离。

（一）内存隔离

MMU 是 Memory Management Unit 的缩写，中文名是内存管理单元，它是中央处理器（CPU）中用来管理虚拟存储器、物理存储器的控制线路，同时也负责将虚拟地址映射为物理地址，以及提供硬件机制的内存访问授权。以 Xen 为例，Xen 为了让内存可以被不同的虚拟机共享，它在虚拟内存（也称虚拟地址）到机器内存（也称物理地址）之间引入了一层中间地址，Guest OS 看到的是这层中间地址，不是机器的实际地址，因此 Guest OS 感觉自己的物理地址是从 0 开始的、"连续"的地址。实际上，Xen 将这层中间地址真正地映射到机器地址上却可以是不连续的，这样保证了所有的物理内存可被任意分配给不同的 Guest OS。

为了区分这层中间地址，将这层中间地址称为伪物理地址或简称伪物理内存，而机器的实际地址（没有虚拟化时的物理地址）称为机器内存或机器地址。对于整个伪物理内存而言，在引入虚拟化技术后，就不再属于 Xen 或任何一个操作系统了。在运行过程中也只能够使用其中的一部分，且不互相重叠，以达到隔离的目的。

虚拟机监控器使用分段和分页机制对自身的物理内存进行保护。x86 体系结构提供了支持分段机制的虚拟内存，这能够提供另一种形式的特权级分离。每个段包括基址、段限和一些属性位。基址和虚拟地址相加形成线性地址，段限决定了这个段中所能访问的线性空间的长度，属性位则标记了该段是否可读写、可执行，是代码段还是数据段等。代码段一般被标记为可读和可执行的，而数据段则被标记为可读和可写的。段的装载是经由段描述符完成的。段描述符存放在这两张系统表中。装载的内容会被缓存直到下一次段的装载，这一属性被称为段缓存。

在虚拟化环境下，中断会打断客户操作系统的运行而陷入虚拟机监控器。在中断处理程序执行完之后，虚拟机监控器必须能够重建客户机的初始状态。因为虚拟机监控器和客户操作系统共用同一地址空间，必须有一种机制来保证虚拟机监控器所占据那部分地址空间不被客户操作系统所访问。通过设定段描述符中的相关标记位，可以限定访问该段的特权级。

（二）网络隔窝

网络隔离技术的目标是确保把有害的攻击隔离，在可信网络之外和保证可信网络内部信息不外泄的前提下，完成网间数据的安全交换。网络隔离技术是在原有安全技术的基础上发展起来的，它弥补了原有安全技术的不足，突出了自己的优势。

网络隔离的关键在于系统对通信数据的控制，即通过不可路由的协议来完成网间的数据交换。由于通信硬件设备工作在网络七层的最下层，并不能感知到交换数据的机密性、完整性、可用性、可控性等安全要素，所以这要通过访问控制、身份认证、加密签名等安全机制来实现，而这些机制的实现都是通过软件来实现的。

最新第五代隔离技术的实现原理是通过专用通信设备、专有安全协议和加密验证机制及应用层数据提取和鉴别认证技术，进行不同安全级别网络之间的数据交换，彻底阻断了网络间的直接 TCP/IP 连接，同时对网间通信的双方、内容、过程施以严格的身份认证、内容过滤、安全审计等多种安全防护机制，从而保证了网间数据交换的安全、可控，杜绝了由于操作系统和网络协议自身漏洞带来的安全风险。

第三节　存储虚拟化

存储虚拟化是指将存储网络中的各个分散且异构的存储设备按照一定的策略映射成一个统一的连续编址的逻辑存储空间。这存储空间称为虚拟存储池，虚拟存储池可跨多个存储子系统，并将虚拟存储池的访问接口提供给应用系统。逻辑卷与物理存储设备之间的这种映射操作是由置入存储网络中的专门的虚拟化引擎来实现和管理的。虚拟化引擎可以屏蔽掉所有存储设备的物理特性，使得存储网络中的所有存储设备对应用服务器是透明的，应用服务器只与分配给它们的逻辑卷打交道,而不需要关心数据是在哪个物理存储设备上。

存储虚拟化将系统中分散的存储资源整合起来，利用有限的物理资源提供大的虚拟存储空间，提高了存储资源利用率，降低了单位存储空间的成本，降低了存储管理的负担和复杂性。在虚拟层通过使用数据镜像、数据校验和多路径等技术，提高了数据的可靠性及系统的可用性。同时，还可以利用负载均衡、数据迁移、数据块重组等技术提升系统的潜在性能。另外，存储虚拟化技术可以通过整合和重组底层物理资源，从而得到多种不同性能和可靠性的新的虚拟设备，以满足多种存储应用的需求。

一、存储虚拟化的一般模型

一般来说，虚拟化存储系统在原有存储系统结构上增加了虚拟化层，将多个存储单元抽象成一个虚拟存储池。存储单元可以是异构，可以是直接的存储设备，也可以是基于网络的存储设备或系统。存储用户通过虚拟化层提供的接口向虚拟存储池提出虚拟请求，虚拟化层对这些请求进行处理后将相应的请求映射到具体的存储单元。使用虚拟化的存储系统的优势在于可以减少存储系统的管理开销、实现存储系统数据共享、提供透明的高可靠性和可扩展性等。

二、存储虚拟化的实现方法

目前，实现存储虚拟化的方式主要有三种：基于主机的存储虚拟化、基于存储设备的存储虚拟化、基于网络的存储虚拟化。

（一）基于主机的存储虚拟化

基于主机的存储虚拟化，也称基于服务器的存储虚拟化或者基于系统卷管理器的存储虚拟化，其一般是通过逻辑卷管理来实现的。虚拟机为物理卷映射到逻辑卷提供了一个虚拟层。虚拟机的主要功能是在系统和应用级上完成多台主机之间的数据存储共享、存储资源管理（存储媒介、卷及文件管理）、数据复制及迁移、集群系统、远程备份及灾难恢复等存储管理任务。基于主机的存储虚拟化不需要任何附加硬件。虚拟化层作为扩展的驱动模块，以软件的形式嵌入操作系统中，为连接到各种存储设备（如磁盘、磁盘阵列等），提供必要的控制功能。主机的操作系统就好像与一个单一的存储设备直接通信一样。

目前，已经有比较成熟的基于主机的存储虚拟化的软件产品，这些软件一般都提供了非常方便的图形化管理界面，可以很方便地进行存储虚拟化管理。从这一点上看，基于主机的存储虚拟化是一种性价比较高的方法，但是，这种虚拟化方案往往具有可扩展性差、不支持异构平台等缺点。对于支持集群的虚拟化方案，为了确保元数据的一致性和完整性，往往需要在各主机间进行频繁的通信和采用锁机制，这就使得性能下降，可扩展性也比较差。同时，由于其一般都采用对称式的结构，就使得其很难支持异构平台，比如 CLVM 就只能支持特定版本的 Linux 平台。

（二）基于存储设备的存储虚拟化

基于存储设备的存储虚拟化，也称基于存储控制器的存储虚拟化。它主要是在存储设备的磁盘、适配器或者控制器上实现虚拟化功能。目前，有很多的存储设备（如磁盘阵列等）的内部都有功能比较强的处理器，且都带有专门的嵌入式系统，可以在存储子系统的内部进行存储虚拟化，对外提供虚拟化磁盘，比如支持 RAID 的磁盘阵列等。这类存储子系统与主机无关，对系统性能的影响比较小，也比较容易管理，同时，它对用户和管理人员都是透明的。

基于存储设备的存储虚拟化依赖于提供相关功能的存储模块，往往需要第三方的虚拟软件，否则，其通常只能提供一种且不完全的存储虚拟化方案。对于包含有多家厂商提供异构的存储设备的 SAN 存储系统，基于存储设备的存储虚拟化方法的效果不是很好，而且这种设备往往规模有限并且不能进行级连，这就使得虚拟存储设备的可扩展性比较差。

（三）基于网络的存储虚拟化

基于网络的存储虚拟化方法是在网络设备上实现存储虚拟化功能，包括基于互联设备和基于路由器两种方式。基于互联设备的虚拟化方法能够在专用服务器上运行，它在标准操作系统中运行，和主机的虚拟存储一样具有易使用、设备便宜等优点。同样，它也具有基于主机虚拟存储的一些缺点，因为基于互联设备的虚拟化方法同样需要一个运行在主机上的代理软件或基于主机的适配器，如果主机发生故障或者主机配置不合适都可能导致访问到不被保护的数据。基于路由器的虚拟化方法指的是在路由器固件上实现虚拟存储功能，为了截取网络中所有从主机到存储系统的命令，需要将路由器放置在每个主机到存储网络的数据通道之间。由于路由器能够为每台主机服务，大部分控制模块存储在路由器的固件里面。相对于上述几种方式，基于路由器的虚拟化在性能、效果和安全方面都要好一些。当然，基于路由器的虚拟化方法也有缺点，如果连接主机到存储网络的路由器出现故障，也可能会使主机上的数据不能被访问，但是只有与故障路由器连接在一起的主机才会受到影响，其余的主机还是可以用其他路由器访问存储系统，且路由器的冗余还能够支持动态多路径。

第四节　网络虚拟化

目前传统的数据中心由于多种技术和业务之间的孤立性，使得数据中心网络结构复杂，存在相对独立的三张网（包括数据网、存储网和高性能计算网）和多个对外 I/O 接口。数据中心的前端访问接口通常采用以太网进行互连而成，构成高速的数据网络；数据中心后端的存储则多采用 NAS、FCSAN 等接口；服务器的并行计算和高性能计算则需要低延迟接口和架构，如 infiniband 接口。以上这些问题，导致了服务器之间存在操作系统和上层软件异构、接口与数据格式不统一。另外，数据中心内网络传输效率低。由于云计算技术的使用，使得虚拟数据中心中业务的集中度、服务的客户数量远超过传统的数据中心，因此对网络的高带宽、低拥塞提出更高的要求。一方面，传统数据中心中大量使用的 L2 层网络产生的拥塞和丢包，需要 L3 层以上协议来保证重传，效率低；另一方面，二层以太网网络采用生成树协议来保持数据包在互连的交换机回路中传递，也会产生大量冗余。因此，在使用云计算后，数据中心的网络需要解决数据中心内部的数据同步传送的大流量、备份大流量、虚拟机迁移大流量等问题。同时，还需要采用统一的交换网络减少布线、维护工作量和扩容成本。引入虚拟化技术之后，在不改变传统数据中心网络设计的物理拓扑和布线方式的前提下，可以实现网络各层的横向整合，形成一个统一的交换架构。数据中心网络虚拟化分为核心层、接入层和虚拟机网络虚拟化三个方面。

一、核心层网络虚拟化

核心层网络虚拟化，主要指的是数据中心核心网络设备的虚拟化。它要求核心层网络具备超大规模的数据交换能力，以及足够的万兆接入能力；提供虚拟机箱技术，简化设备管理，提高资源利用率，提高交换系统的灵活性和扩展性，为资源的灵活调度和动态伸缩提供支撑。其中，VPC 技术可以实现跨交换机的端口捆绑。这样在下级交换机上连接属于不同机箱的虚拟交换机时，可以把分别连接不同机箱的万兆链路用于和 IEEE802.3ad 兼容的技术实现以太网链路捆绑，提高冗余能力和链路互连带宽，简化网络维护。

二、接入层网络虚拟化

接入层虚拟化，可以实现数据中心接入层的分级设计。根据数据中心的走线要求，接入层交换机要求能够支持各种灵活的部署方式和新的以太网技术。目前无损以太网技术标准发展很快，称为数据中心以太网 DCE 或融合增强以太网 CEE，包括拥塞通知（IEEE802.1Qau）、增强传输选择 ETS（IEEE802.1Qaz）、优先级流量控制 PFC（IEEE802.1Qbb）、链路发现协议 LLDP（IEEE802.1AB）。

三、虚拟机网络虚拟化

虚拟机网络交互包括物理网卡虚拟化和虚拟网络交换机，在服务器内部虚拟出相应的交换机和网卡功能，虚拟交换机在主机内部提供了多个网卡的互联，以及为不同的网卡流量设定不同的 VLAN 标签功能，使得主机内部如同存在一台交换机，可以方便地将不同的网卡连接到不同的端口。虚拟网卡是在一个物理网民上虚拟出多个逻辑独立的网卡，使得每个虚拟网卡具有独立的 MAC 地址、IP 地址，同时还可以在虚拟网卡之间实现一定的流量调度策略。因此，虚拟机网络交互需要实现以下功能：

1. 虚拟机的双向访问控制和流量监控，包括深度检测、端口镜像、端口远程镜像、流量统计。

2. 虚拟机的网络属性应包括 VLAN、QoS、ACL、带宽等。

3. 虚拟机的网络属性可以跟随虚拟机的迁移而动态迁移，不需要人工干预或静态配置，从而在虚拟机扩展和迁移过程中，保障业务的持续性。

4. 虚拟机迁移时，与虚拟机相关的资源配置，如存储、网络配置也随之迁移。同时保证迁移过程中业务不中断。

IEEE802.1QbgEVB 和 802.1QbhBPE 是为扩展虚拟数据中心中交换机和虚拟网卡的功能而制定的，也称边缘网络虚拟化技术标准，这两种标准都在制定中。其中 802.1Qbg 要求所有 VM 数据的交换（即使位于同一物理服务器内部）都通过外部网络进行，即外部网络能够支持虚拟交换功能，对于虚拟交换网络范围内 VM 动态迁移、调度信息，均通过 LLDP 扩展协议得到同步以简化运维。802.1Qbh 可以将远程交换机部署为虚拟环境中的策略控制交换机，而不是部署成邻近服务器机架的交换机，通过多个虚拟通道，让边缘虚拟桥复制帧到一组远程端口，可以利用瀑布式的串联端口灵活地设计网络，从而更有效地为多播、广播和单播帧分配带宽。

四、VMware 的网络虚拟化技术

VMware 的网络虚拟化技术主要是通过 VMwarevSphere 中的 vNetwork 网络元素实现的。通过这些元素，部署在数据中心物理主机上的虚拟机可以像物理环境一样进行网络互连。vNetwork 的组件主要包括虚拟网络接口卡 vNIC、vNetwork 标准交换机 vSwitch 和vNetwork 分布式交换机 dvSwitch。

（一）虚拟网络接口卡

每个虚拟机都可以配置一个或者多个虚拟网络接口卡 vNIC。安装在虚拟机上的客户操作系统和应用程序利用通用的设备驱动程序与 vNIC 进行通信。从虚拟机的角度来看，客户操作系统中的通信过程就像与真实的物理设备通信一样。而在虚拟机的外部，vNIC 拥有独立的 MAC 地址以及一个或多个 IP 地址，且遵守标准的以太网协议。

（二）虚拟交换机vSwitch

虚拟交换机用来满足不同的虚拟机和管理界面进行互连。虚拟交换机的工作原理与以太网中的第 2 层物理交换机一样。每台服务器都有自己的虚拟交换机。虚拟交换机的一端是与虚拟机相连的端口组，另一端是与虚拟机所在服务器上的物理以太网适配器相连的上行链路。虚拟机通过与虚拟交换机上行链路相连的物理以太网适配器与外部环境连接。虚拟交换机可将其上行链路连接到多个物理以太网适配器以启用网卡绑定。通过网卡绑定，两个或多个物理适配器可用于分摊流量负载，或在出现物理适配器硬件故障或网络故障时提供被动故障切换。

（三）分布式交换机

vNetwork 分布式交换机是 vSphere 的新功能。dvSwilch 将原来分布在一台 ESX 主机上的交换机进行集成，成为一个单一的管理界面，在所有关联主机之间作为单个虚拟交换机使用。这使得虚拟机可在跨多个主机进行迁移时确保其网络配置保持一致。与 vSwitch 一样，每个 dvSwitch 都是一种可供虚拟机使用的网络集线器。dvSwitch 可在虚拟机之间进行内部流量路由，或通过连接物理以太网适配器链接外部网络，可以为每个 vSwilch 分配一个或多个 dvPort 组，dvPort 组将多个端口聚合在一个通用配置下，并为连接标定网络的虚拟机提供稳定的定位点。

（四）端口组

端口组是虚拟环境特有的概念。端口组是一种策略设置机制，这些策略用于管理与端口组相连的网络。一个 vSwilch 可以有多个端口组。虚拟机不是将其 vNIC 连接到 vSwilch 上的特定端口，而是连接到端口组。与同一端口组相连的所有虚拟机均属于虚拟环境内的同一网络，即使它们属于不同的物理服务器也是如此。可将端口组配置为执行策略，以提供增强的网络安全、网络分段、更佳的性能、高可用性及流量管理。

（五）VLAN

VLAN 支持将虚拟网络与物理网络 VLAN 集成。专用 VLAN 可以在专用网络中使用

VLANID，而不必担心 VLANID 在较大型的网络中会出现重复。流量调整定义平均带宽、峰值带宽和流量突发大小的 QOS 策略，设置策略以改进流量管理。网卡绑定为个别端口组或网络设置网卡绑定策略，以分摊流量负载或在出现硬件故障时提供故障切换。

第五节　桌面虚拟化

桌面虚拟化是指利用虚拟化技术将用户桌面的镜像文件存放到数据中心。从用户的角度看，每个桌面镜就像是一个带有应用程序的操作系统，终端用户通过一个虚拟显示协议来访问他们的桌面系统。这样做的目的就是使用户的使用体验同他们使用桌面上的 PC 一样。当用户关闭系统的时候，通过第三方配置文件管理软件，可以做到用户个性化定制以及保留用户的任何设置。桌面虚拟化对云计算用户来说，是非常实用的，推动了云计算的发展。

一、桌面虚拟化简介

桌面虚拟化是一种基于中心服务器的计算机运作模型，沿用了传统瘦客户端模型，能够让系统管理员与终端用户同时获得两种应用方式的优点：将所有桌面虚拟机在数据中心进行托管并统一管理，同时用户能够获得完整的 PC 使用体验。网络管理员仅维护部署在中心服务器的系统即可，不需要再为客户端计算机的程序更新以及软件升级带来的问题而担心。

桌面虚拟化技术和传统的远程桌面技术是有区别的。传统的远程桌面技术是接入一个真正安装在一个物理机器上的操作系统，仅能作为远程控制和远程访问的一种工具。虚拟化技术允许一台物理硬件同时安装多个操作系统，可以降低整体采购成本和运作维护成本，很大程度提高了计算机的安全性以及硬件系统的利用率，桌面虚拟化将技术做到收益大过采购成本，这也使得其逐渐推广成为必然。

第一代桌面虚拟技术实现了在同一个独立的计算机硬件平台上，同时安装多个操作系统，并同时运行这些操作系统，使得桌面虚拟化技术的大规模应用成为可能。虚拟桌面的核心与关键，不是后台服务器虚拟化技术，而是让用户能够通过各种手段、任何时间、任何地点、通过任何设备都能够访问到自己的桌面，即远程网络访问的能力。从用户角度讲，第一代桌面虚拟化使得操作系统与硬件环境理想地实现了脱离，用户使用的计算环境不受物理机器的制约，每个人可能都会拥有多个桌面，而且随时随地都可以访问。对于网络管理员而言，实现了集中的控制。为了提高管理性，第二代桌面虚拟化技术进一步将桌面系统的运行环境与安装环境、应用与桌面配置文件进行了拆分，从而大大降低了管理复杂度与成本，提高了管理效率。

二、桌面虚拟化技术现状分析

伴随着虚拟化技术的蓬勃发展，桌面虚拟化得到了极大的发展。桌面虚拟化技术的进步和用户需求的逐渐兴起，毫无疑问会使桌面虚拟化技术在现有基础上得到更大范围的普及和推广，给用户带来一次桌面应用的革命。但是桌面虚拟化现阶段的技术并非完美，其部署仍然面临一定的风险。

桌面虚拟化技术还面临着很多问题。

（一）集中管理问题

多个系统整合在一台服务器中，一旦服务器出现硬件故障，其上运行的多个系统都将停止运行，对其用户造成的影响和损失是巨大的。虚拟化的服务器合并程度越高，此风险也越大。

（二）集中存储问题

默认情况下，用户的数据保存在集中的服务器上，系统不知每个虚拟桌面会占用多少存储空间，这给服务器带来的存储压力将会是非常大的；不管分多少个虚拟机，每个虚拟机都还是建立在一台硬件服务器之上的，互相之间再怎么隔离，其实和虚拟主机一样；用的也是同一个 CPU、同一个主板、同一个内存，用的还是同一个机器的硬盘，如果其中一个环节出错，很可能就会导致"全盘皆输"。总的来说，使用虚拟机并不比使用物理主机具有更高的安全性和可靠性。若是服务器出现了致命的故障，用户的数据可能丢失，整个平台将面临灾难。

（三）虚拟化产品缺乏统一标准问题

由于各个软件厂商在桌面虚拟化技术的标准上尚未达成共识，至今尚无虚拟化格式标准出现。各虚拟化产品厂商的产品间无法互通，一旦这个产品系列停止研发或其厂商倒闭，用户系统的持续运行、迁移和升级将会极其困难。

（四）网络负载压力问题

局域网一般不会存在太大问题，但是如果通过互联网就会出现很多技术难题，由于桌面虚拟化技术的实时性很强，如何降低这些传输压力，是很重要的一环；虽然千兆以太网对数据中心来说是一项标准，但还没有广泛部署到桌面，目前还达不到 VDI 对高带宽的要求。而且如果用户使用的网络出现问题，桌面虚拟化发布的应用程序不能运行，则直接影响应用程序的使用，其对用户的影响也是无法估计的。

第六节　软件安全的重要性

一、应用程序安全的重要性

应用程序运行在操作系统的用户层，其种类包罗万象，如网页浏览器、办公软件、FTP 服务器和媒体播放器等，都属于应用程序。对于不同的应用程序，系统管理员一般会为其设置不同的权限。例如，有些应用程序可以打开和关闭系统服务，而有些应用程序却不能执行这些特权操作。由于黑客发起远程攻击的主要目的是控制目标系统，因此具有高权限的应用程序通常成为攻击的目标。黑客常用的攻击手段是通过非法利用软件的安全漏洞来改变目标程序的执行流程，其典型的攻击包括栈上缓冲区溢出攻击。如果高权限的应用程序被攻击者控制，他们将通过该程序执行各种特权操作，如安装后门程序。此外，攻击者还可能利用软件漏洞向目标程序发起拒绝服务攻击，从而破坏应用服务的连续性。另外，某些恶意代码也利用了程序的安全漏洞进行传播。应用程序的安全问题不仅制约了人们对软件服务的使用，还会给社会造成了巨大的经济损失。

二、操作系统内核安全的重要性

操作系统内核是操作系统最核心的部分，负责管理和维护系统的整体运行。当前主流操作系统均采用单内核（Monolithic-kernel）架构，即操作系统内核和内核模块都运行在同一地址空间。因此，破坏操作系统内核安全最常用的方法是利用系统对外提供的接口向操作系统内核载入恶意内核模块（如内核级 Rootkit）。由于内核模块与操作系统内核拥有同样的权限，因此恶意内核模块将不受限制地修改操作系统内核的任何资源，其具体攻击方法包括对内核代码及内核数据进行恶意篡改。一旦操作系统内核遭到恶意内核模块的破坏，上层应用程序的执行流程将可能被攻击者掌控。例如，恶意内核模块通过向键盘驱动程序插入钩子代码的方法来截获用户输入信息，然后将这些信息发送给远程攻击者。

根据美国 McAfeeAvert 实验室的报告，2004—2006 年间恶意内核模块的数量增加了近 600%。此外，McAfee 公司还发现有相当数量的恶意程序结合使用了内核扩展模块技术，使得这些程序能够隐藏恶意进程、禁用杀毒软件、阻止程序进行安全升级及将受害主机加入僵尸网络中。

另外，由于基于单内核架构操作系统拥有庞大的代码量（如 Linux2.6 内核有超过 430 万行代码），其本身也可能存在一些安全漏洞，因此，即使载入内核模块的系统接口被管理员禁用了，攻击者仍然可以通过操作系统内核自身的漏洞向内核发起攻击，从而同样达到改变操作系统行为的目的。例如，攻击者可利用内核整数溢出漏洞提升用户程序的权限。

综上所述，操作系统内核安全是上层应用程序安全的基础，其中的任何一个模块被攻破了，都可能导致整个操作系统被攻击者控制。因此，操作系统内核安全是软件安全的重中之重，值得展开深入研究。

第七节　软件安全的相关研究

根据研究对象的不同，将软件安全研究分为三类：应用软件安全研究、操作系统内核模块安全研究和操作系统内核安全加固研究。

一、应用软件安全研究

应用软件运行在操作系统用户层，通过系统调用向操作系统请求服务。在应用软件的安全漏洞中，缓冲区溢出漏洞是最具威胁的一种，一直以来是人们研究的热点问题。本节将现有的针对缓冲区溢出的解决方法分为六类：

（一）基于源代码分析的方法

该类方法一般通过静态分析技术自动从源代码中寻找缓冲区溢出漏洞。Wagner 等提出了将缓冲区溢出问题规约成整数范围的约束问题进行静态分析，即通过检查 C 语言中字符串函数 [如 strlen（）和 strcpy（）函数] 对缓冲区的操作来判断是否发生缓冲区溢出。Evans 等开发了一种基于注释辅助的静态分析工具 ITS4。该工具通过词法分析检查出代码和注释的不一致性，从而检测出是否存在缓冲区溢出。MOPS 系统将源代码中的安全相关操作描述为安全时序逻辑，然后利用模型检测技术找出程序中的缓冲区溢出漏洞。

（二）基于编译器扩展的方法

StackGuard 采用了向程序栈中插入守卫值（canary）的方法，然后在运行时动态验证栈上守卫值的完整性，以判断是否发生栈上缓冲区溢出。守卫值通常为终止符号或随机数，以防止被伪造。ProPolice 增强了保护程序栈的范围，它不仅保护函数返回地址，还保护函数参数和相关寄存器中的内容。此外，ProPolice 还增强了守卫值产生的随机性。DIRA 通过静态分析程序的语义直接在源代码中自动添加保护代码。该方法不仅能在程序运行时检测出控制流的异常，还能动态修复发生了缓冲区溢出的程序。

（三）基于操作系统的保护方法

基于操作系统的保护方法需要修改操作系统的某些部分，以抵御应用程序的缓冲区溢出。LibSafe 通过重新封装那些未对缓冲区边界进行检查的库函数（如常见的字符串函数strcpy），有效检测并阻止针对程序栈上缓冲区溢出的攻击。Pax 通过修改操作系统内核代码，使程序中的任何数据段都无法被执行。e-NeXSh 通过在操作系统内核中增加安全模块，动态监控目标程序调用 libc 函数和系统函数的过程，以验证其操作是否符合程序源代码的行为。如果不符合，则说明发生了缓冲区溢出。

（四）基于硬件的保护方法

Smash Guard 利用特殊的硬件机制，在调用函数时先保存其返回地址，然后在函数返回时还原其返回地址，从而能有效阻止返回地址被攻击者篡改。Dalton 等利用特殊的硬件机制实现了动态数据流的跟踪技术，以检测缓冲区是否溢出。Zeldovich 等借助标签内存（Tagged Memory）机制来确保用户程序按照事先制定的策略执行。因此，即使发生缓冲区溢出，攻击者也无法改变目标程序的执行流程。

（五）基于ASLR的保护方法

基于 ASLR 的保护方法有两种不同的实现方式：指令集随机化和地址空间随机化。RISE 系统基于开源二进制代码转换器 Valgrind，为受保护的程序提供了私有的指令集，因此，即使有外部的恶意代码被注入程序中，该代码也无法被执行。Gaurav 等通过修改操作系统内核也实现了类似的指令集随机化技术。Bhatkar 等基于编译器技术打乱内存中代码和数据的位置，以防止黑客非法利用程序现有代码或者通过注入代码的方式破坏程序中重要数据的安全。

（六）基于污点分析的方法

基于污点分析的方法是基于软件的方式实现了对程序动态数据流的跟踪。Taint Check 使用基于模拟器的方法来跟踪源于网络和外部存储介质等非可信渠道的数据在内存中的传播过程，从而定位出可能被污染的用户数据。Argos 基于类似原理，分析污点数据在内存中更加复杂的传播过程。如果检测到被污染的数据作为跳转、调用及移动的目的地址，系统将产生相应的报警。

二、操作系统内核模块安全研究

操作系统内核模块运行在内核空间，包括各种设备驱动程序、文件系统及应用程序所依赖的内核模块等。相关的研究表明，绝大多数内核安全漏洞都位于内核模块中。因此，加强内核模块的安全对提高操作系统内核安全具有重要意义。现有针对内核模块安全的研究主要可分为以下四类：

（一）基于硬件的保护方法

Nooks 使用了基于内存页的硬件保护机制来防止某个内核驱动的故障导致整个操作系统的崩溃。在内核空间中，Nooks 为每个驱动程序均创建了一个轻量级的保护域，而不同保护域中的驱动程序相互隔离。为了提高内存保护粒度，Mondrix 使用了基于内存段的硬件保护机制将内核模块从操作系统内核空间中隔离出来，从而能有效抵御恶意内核模块对操作系统内核的破坏。Mondrix 不仅能有效限制内核驱动访问内核代码和内核数据，还能阻止驱动程序对内核栈进行非法修改。

（二）基于虚拟机的保护方法

文献基于虚拟化技术将不同驱动程序运行在不同的虚拟机里。由于不同的虚拟机之间相互隔离，因此该方法能有效限制内核驱动的故障传播至操作系统内核的其他部分。iKernel 利用了硬件辅助的虚拟化技术将内核驱动程序隔离在单独的虚拟机里，并借助 IntelVT-d 技术使驱动程序可直接和底层硬件进行交互。SUD 系统通过利用轻量级虚拟机 UML 将现有内核驱动运行在用户地址空间。由于用户空间与内核空间相互隔离，并且用户空间的程序不能直接访问其他的用户空间，因此 SUD 能有效阻止恶意内核模块篡改内核驱动和应用程序。

（三）基于用户模式的保护方法

基于用户模式的保护方法的基本原理是将驱动程序运行在用户层，利用用户空间和内核空间之间的边界隔离驱动程序的故障。由于用户层驱动运行时需频繁切换用户空间和内核空间，因此这类方法会给系统带来较大的性能开销。针对这一问题，Vinod 等提出了 Microdriver 架构。该方法将一个驱动程序分成两个部分：内核驱动（K-Driver）和用户驱动（U-Driver）。由于大部分功能在内核驱动中实现，因此该方法减少了用户层和内核层的切换。Shakeel 等在 Microdriver 架构的基础上引入了参照监视器（Reference Monitor），以保证内核驱动和用户驱动之间进行安全交互。

（四）基于软件故障隔离的方法

Xfi 结合了静态分析和内联保护的方法，并利用二进制代码插桩技术将内核模块从内核空间中隔离出来。Safe Drive 采用了基于程序语言的推导方法来检测驱动程序代码中的类型安全错误。此外，如果内核驱动的执行出现异常，Safe Drive 将通过跟踪驱动程序调用 API 的不变式来恢复程序的执行流程。BGI 基于编译器技术实现了以字节为粒度的内存保护机制。该机制可将内核模块隔离在独立的保护域中，然而这些保护域和操作系统内核共享同一地址空间。BGI通过监控内核模块与操作系统之间的交互，确保内核模块无法破坏内核数据的安全。

三、操作系统内核安全加固研究

操作系统内核安全是应用软件安全的基础。如果操作系统内核被恶意篡改，应用层的所有服务都有可能被黑客控制。目前，大部分研究都采用了基于虚拟化技术的方法来保护操作系统内核安全，具体可分为以下四类：

（一）虚拟机内省技术研究

Garfinkel和Rosenblum首先提出了虚拟机内省机制（Virtual Machine Introspection，VMI）。该技术的基本思路是将监控程序部署在可信的虚拟机里，并利用内存映射技术对另一台非可信虚拟机进行入侵检测。为了解决虚拟机监控器和虚拟机之间的语义鸿沟问题，需借助操作系统内部知识来重构上层应用程序的语义信息。Payne等给出了在开源虚拟化平台Xen下实现VMI的具体方案。Jiang等提出基于盒外（Out-of-the-box）检测的方法，即通过语义转换技术实现对目标客户机系统进行跨虚拟机、跨平台监控。

（二）内核控制流完整性研究

Petroni和Hicks利用虚拟机监控器周期性扫描客户机内存，以验证内核控制流的完整性。该方法首先从内核源代码中提取出数据类型图（type graph）；然后从图中确定从根部到叶子结点所对应的内核数据信息；最后借助VMM获取目标客户机的内存，并从中还原出内核数据类型图，以验证其完整性。为了提高系统性能，Hook safe系统通过重定位技术将内核函数指针移入写保护区域，以防其被恶意内核模块篡改。此外，对于那些访问原先函数指针的指令，Hook Safe使用在线二进制代码转换技术将其动态替换成新的指令，从而保证了操作系统的正常运行。

（三）内核数据完整性研究

Kernel Guard通过截获内存写操作来保护内核数据安全。该系统首先从内核源代码中提取出内核函数来访问内核数据的规律，然后使用基于模拟器的方法实时验证内核程序对内核数据的访问。Petroni等提出一种验证动态内核数据完整性的框架。Gibraltar采用不变测试技术自动推导出内核数据的一些常用模式，然后验证内核数据是否匹配这些模式。Loscocco等提出通过利用虚拟机监控器计算内核数据哈希值的方法来验证内核数据的完整性。

（四）内核代码完整性研究

NICKLE 采用影子内存机制，即利用 VMM 将经过认证的内核代码放入影子内存中。NICKLE 通过分离指令取址和数据访问的方法，确保内核指令仅能从可信的影子内存中取址，从而能有效阻止内核代码注入攻击。由于 NICKLE 基于 QEMU 实现，其性能开销非常明显。针对这一问题，Grace 等利用 Xen 实现了类似的影子内存技术。Sec Visor 基于硬件辅助的虚拟化技术，实现了一个轻量级虚拟机监控器。Sec Visor 通过解析和检查内核程序对 MMU 和 IOMMU 状态的修改，确保只有被系统管理员认证过的代码才能在内核态下执行。

第四章 基于虚拟化技术 的内核数据保护技术

Rootkit是攻击者入侵操作系统以后为继续保持系统的控制权并隐藏痕迹的一种工具。根据运行层次的不同，Rootkit可分为两种：应用级Rootkit和内核级Rootkit。

应用级Rootkit运行在操作系统的用户层，其主要攻击思路是替换系统中重要的动态链接库（如libc）和系统工具（如ps）。这类Rootkit虽然能在用户层达到和内核级Rootkit一样的攻击效果，却容易被基于文件完整性的方法发现。

不同于应用级Rootkit，内核级Rootkit运行在操作系统的内核层，其主要攻击方式包括对内核代码及内核数据的篡改。对于针对内核代码的攻击，其防御技术已经比较成熟（如通过Tripwire验证内核代码的完整性）。因此，本章主要关注针对内核数据的攻击。

内核级Rootkit攻击内核数据的主要手段包括：

1. 修改操作系统内核中重要的全局数据，如通过修改SELinux中的security_ops使系统安全模块中的验证功能失效。

2. 修改系统调用表中服务函数的入口地址，从而使攻击者能劫持应用程序的系统调用。

3. 修改中断描述符表中处理函数的入口地址，使操作系统的中断处理被黑客劫持。

4. 修改异常表 __ex_table 表项中的地址。通过这种方式，如果应用程序使用ioctl系统调用时传入的参数为非法值，那么内核级Rootkit的代码将被触发执行。

5. 修改内核中的动态数据结构，如通过修改内核中的进程链表来隐藏恶意进程。由于正常的内核程序也可能修改动态内核数据，因此针对动态内核数据的攻击通常很难被侦测出来。

为了抵御攻击者对操作系统内核数据的破坏，传统的安全防护系统采用了基于硬件内存页的保护方法，其基本思路是通过设置页表项的权限来达到保护内核数据的目的。然而这种方法主要存在以下一些局限：

1. 因为每个物理页面大小都是固定的（通常为4KB），所以其保护内核数据的最小粒度只能是4KB。然而若干不同类型的内核数据可能位于同一内存页中，并且不同内核数据对其保护有不同的需求，国外学者称该问题为保护粒度鸿沟（protection granularity gap）。

2. 攻击者可通过修改寄存器的方法绕开内存页保护机制。例如，在x86架构下，内存页面虽然能被操作系统设置成只读权限，但是恶意的内核模块可以通过修改 CR0 寄存器中的写保护（WP）位来禁用内存页的只读权限。

3. 绕过内存页保护机制的另一种方法是重新构建关于虚拟地址的映射，并对其设置新的权限，从而使攻击者能通过新的内存映射访问受保护的内核数据。

第一节　方法的概述

本节基于虚拟化技术设计并实现了内核数据保护系统——VMhuko。该系统允许在受保护的操作系统中载入内核模块，但是该模块无法破坏操作系统内核数据的安全。其基本原理是通过虚拟机监控器截获内核程序对敏感内核数据的访问，然后验证该读/写操作是否满足相应的安全策略。如果满足，则允许该操作继续执行；反之，则阻止该操作的执行。为了制定安全策略，从操作系统内核源代码中提取了操作系统访问内核数据的模式，如哪些内核函数可以访问哪些内核数据。同时，也从内核级 Rootkit 的源代码中提取了其恶意访问内核数据的模式。VMhuko 通过匹配这两种访问模式来判断内核程序对内核数据的操作是否合法。

第二节　针对内核数据的访问控制模型

在传统操作系统架构下，应用程序与操作系统之间是相互隔离的，即应用程序不能直接访问操作系统内核。因此，即使应用程序被攻破，攻击者也无法破坏内核数据的安全。不同于应用程序，内核程序（如可加载内核模块）可以不受限制地访问操作系统内核的任何资源。

将内核程序的运行过程看作执行一系列指令的过程，而其中操作系统的状态主要包括物理内存和 CPU 寄存器两部分内容。因为内核指令能够直接访问物理内存和 CPU 寄存器，所以内核程序运行的实质是通过内核指令更新计算机物理内存和 CPU 寄存器的过程。

根据自动机的相关理论，定义了操作系统的状态转换函数：$\delta E: Im \times M \times C \rightarrow Im \times M \times C$。其中，$I$ 表示计算机中所有可能的指令，$Im \subseteq I$ 表示所有属于某个内核程序的指令，M 表示所有可能的内存状态信息，C 表示所有可能的 CPU 寄存器状态信息。假设 Mp 和 Cp 分别表示与操作系统内核安全相关的重要内核数据和 CPU 寄存器的信息，其中 $Mp \subseteq M$，$Cp \subseteq C$。

为了保证内核数据的安全，访问控制器必须截获并验证所有内核程序对 Mp 和 Cp 的更新操作。在本模型中，访问控制的主体是 Im，客体是 Mp 和 Cp，访问控制的策略是限制 Im 对 Mp 和 Cp 的直接访问。如果内核程序通过调用内核导出函数访问 Mp 和 Cp，本模型无须进行限制，因为调用内核导出函数一般不会破坏操作系统的正常数据。

第三节   系统的设计

VMhuko 为基于虚拟化平台设计的针对通用操作系统的内核数据防护系统。该系统的总体架构如图 4-1 所示，包括安全虚拟机（SecurityVM）、客户虚拟机（GuestVM）和虚拟机监控器(VMM)。假设虚拟机监控器和安全虚拟机都是安全可信的,这种假设是合理的,因为：① VMM 的可信计算基（TCB）相对比较小；②安全虚拟机不对外界提供网络链接。此外，VMhuko 不需要在客户操作系统中放置任何安全模块，从而保证了目标客户机的透明性。

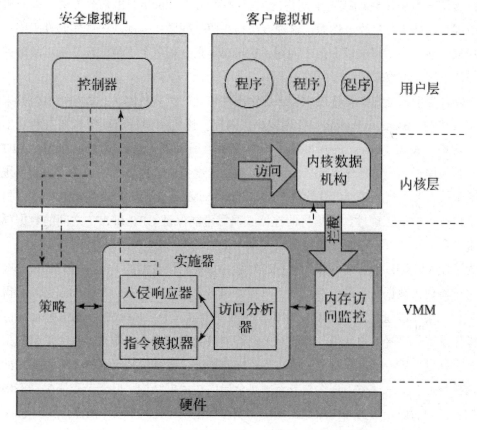

图4-1   VMhuko系统架构

一、实施器

实施器（Enforcer）位于 VMM 层，是 VMhuko 系统中最核心的模块。该模块的主要功能是验证内核程序对内核数据的访问操作，并根据情况做出适当的响应。实施器中又包含三个子模块：访问分析器（Access Analyzer）、入侵响应器（Intrusion Counter）和指令模拟器（Instruction Emulater）。当访问分析器检测到针对内核数据的恶意访问时，入侵响应器将立即做出响应。如果内核程序对内核数据的访问是合法的，访问分析器将交给指令模拟器，以保证该指令的正常执行。

二、内存监控器

内存监控器（Memory Monitor）的功能是截获内核程序对内核数据的访问。由于客户虚拟机中并没有监控模块，因此底层的 VMM 无法感知内核程序对内核数据的访问。传统的解决方法一般采用轮询或者定期将虚拟机内存倾卸（dump）出来的方法，以分析特定内核数据是否被恶意篡改。然而，这种方法存在两个问题：检测攻击的实时性不强；性能开销比较明显。为了解决以上两个问题，VMhuko 充分利用了虚拟化环境下页故障处理机制及操作系统的内部知识。

在硬件辅助的全虚拟化环境中（未启用硬件辅助的页表机制），虚拟机监控器采用了影子页表机制（Shadow Paging）管理客户机内存。该机制使每个虚拟机拥有两套不同的页表：客户机页表（Guest Page Table，GPT）和影子页表（Shadow Page Table，SPT）。客户机页表属于客户机操作系统，而影子页表则由虚拟机监控器控制。为了提高系统的效率，影子页表被直接加载到内存管理单元（Memory Management Unit，MMU）中。另外，为保证内存映射的正确性，虚拟机监控器必须尽可能保证 GPT 和 SPT 之间的数据同步。当发生内存页故障时，程序的执行将陷入 VMM 中。

为了使 VMhuko 能实时截获内核程序对某些重要内核数据的访问，可以通过修改影子页表将这些内核数据所在的内存页置为写保护或者不存在。首先，VMhuko 必须获得这些内核数据的虚拟地址，以定位 SPT 中的页表项。对于全局内核数据，其虚拟地址可以从目标操作系统的符号表中获得。然而对于动态内核数据结构，其虚拟地址无法事先得到。针对这个问题，VMhuko 采用了一种动态定位的方法。该方法基于这样一个事实：如果把所有内核数据看作一棵树，那么根节点则是全局内核数据结构，叶子节点则是动态内核数据结构。换句话说，从全局内核数据结构出发可以遍历动态内核数据结构。以 Linux 系统为例，init_task 是全局内核数据结构，指向进程链表的表头。通过该数据结构，操作系统就能遍历所有的进程描述符。为了截获内核程序对动态数据结构的访问，VMhuko 必须将全局内核数据结构中的指针设置为受保护的内存区域。当内核程序通过这些指针访问动态内核数据时，VMhuko 将截获这些操作并验证该访问是否合法。

三、安全策略

VMhuko 访问控制模型的实质是通过 VMM 层的引用监控器验证内核程序对敏感内核数据的访问。如前所述，本系统访问控制的主体是内核程序的指令 Im，客体是物理内存和 CPU 寄存器中与内核安全相关的重要数据：Mp 和 CpoIm 能通过读指令和写指令访问 Mp 和 Cp，此外，Im 还能通过调用内核函数的方式访问 Mp 和 Cp。本安全策略的具体格式见表 4-1。其中，客体包括静态内核数据和动态内核数据。由于静态内核数据（如系统调用表）的位置是固定的，所以其策略可以事先确定。对于动态内核数据，由于其位置不能事先确定，因此必须等客户机操作系统启动以后才能部署其策略。当 VMhuko 检测到内核程序违反安全策略访问内核数据时，将采取两种响应方式：拒绝访问和产生报警。

表4-1　安全策略格式

主体	操作	客体	响应方式
{Im}	{read，write，call}	{Mp，Cp}	{reject，alarm}

四、控制器

控制器（Controller）的作用是为系统管理员提供与底层虚拟机监控器通信的接口。控制器利用超调用（hyper call）直接向 VMM 传递数据。一旦 VMM 检测到内核程序对内核数据的恶意访问，VMhuko 将向控制器发出报警。

第四节　系统的实现

基于开源虚拟化平台 Xen（版本 3.4.1）实现 VMhuko，其中安全虚拟机采用 CcntOS5.5（内核版本为 Linux-2.6.18），客户虚拟机采用 Ubuntu8.04（内核版本为 Linux-2.6.24）。由于实验环境中的 CPU 支持硬件辅助的虚拟化技术，所以将客户虚拟机配置成 HVM 模式，从而使客户虚拟机能直接运行未经修改的操作系统。

一、内存监控的实现

本系统实现的核心是通过合理设置页表的权限，使其在 VMM 层透明截获内核程序对内核数据的访问。首先，VMhuko 根据安全策略中需要保护的内核数据定位出内存中对应的页表项。在 HVM 模式下，VMM 采用影子页表机制管理内存。因此，VMhuko 需遍历影子页表来设置相关页表项的权限，其具体实现算法如图 4-2 所示。

```
Input: start_virtual_addr, end_virtual_addr, cr3, protection_type //启始地址信息和保护类型信息
Output: success or failure //输出 1 为成功,0 为失败
unsigned long mfn;
mfn = cr3 >> PAGE_SHIFT;
if(mfn! = 0)
{
    l1_pgentry_t  * l1e; //一级页表
    l2_pgentry_t  * l2e; //二级页表
    l3_pgentry_t  * l3e; //三级页表
    int i1, i2, i3; //页表项编号
    unsigned long flags; //页表项
    l3e = map_domain_page(mfn); //物理内存映射
    l3e + = (cr3 & 0xFE0UL) >> 3;
    while(start_virtual_addr < = end_virtual_addr)
    {
        i3 = l3_table_offset(addr);
        if( !(l3e_get_flags(l3e[i3]) & _PAGE_PRESENT))
            continue;
        l2e = map_domain_page(mfn_x(_mfn(l3e_get_pfn(l3e[i3]))));
        i2 = l2_table_offset(addr);
        if( !(l2e_get_flags(l2e[i2]) & _PAGE_PRESENT))
            continue;
        l1e = map_domain_page(mfn_x(_mfn(l2e_get_pfn(l2e[i2]))));
        i1 = l1_table_offset(addr);
        if( !(l1e_get_flags(l1e[i1]) & _PAGE_PRESENT))
            return 0; //返回失败
        mfn = l1e_get_pfn(l1e[i1]);
        if(protection_type = = read_type) //如果保护类型为不可读
            flags = l1e_get_flags(l1e[i1]) & ~ _PAGE_PRESENT);
        else if(protection_type = = write_type) //如果保护类型为不可写
            flags = l1e_get_flags(l1e[i1]) & ~ _PAGE_RW);
        l1e_write_atomic(&l1e[i1], l1e_from_pfn(mfn, flags);
    }
}
else
    return 0; //返回失败
return 1; //返回成功
```

图4-2 影子页表权限设置算法

由于启用了 Xen 的 PAE 模式，VMhuko 使用三级影子页表管理内存。本算法的输入包括内核数据的起始虚拟地址（start_virtual_addr）、结束虚拟地址（end_virtual_addr）、影子页表的页目录基地址（cr3）和保护类型（protection_type）。本系统提供两种类型的页保护：内存写保护和内存读保护。为实现内存写保护，VMhuko 将对应页表项中读写位（RW 位）置为 0。此外，VMhuko 还必须阻止恶意内核程序篡改 CR0 寄存器，其原因是

一旦 CR0 寄存器中的写保护位（Write Protect flag）被清零，所有内存页的写保护将被解除。因为内核程序对 CR0 寄存器的写操作属于特权操作，将被 VMM 无条件截获，所以 VMhuko 能够在 VMM 层及时阻止内核程序对 CR0 寄存器的修改。对于内存读保护，由于 x86 硬件并不对普通页表提供该功能，VMhuko 只能利用页表项中的存在（Present）位将其置为 0。这种方法虽然实现了对内存页的读保护功能，但同时也带来了一些副作用，即 VMM 会同时捕获所有对该内存页面的写操作。当 VMhuko 完成页表权限设置以后，下一步工作将是监控内核程序对重要内核数据的访问。

如图 4-3 所示，当影子页故障发生时，VMhuko 首先从 CR2 寄存器中获得产生页故障的虚拟地址，然后判断该地址是否在受保护的内存区域里。如果不是，VMhuko 将使用 Xen 中默认的页故障处理函数 sh_page_fault 进行处理；如果是，VMhuko 将对产生页故障的操作进行分析。如果 VMhuko 检测到该操作不符合安全策略，会根据安全策略做出响应，如关闭客户虚拟机或者向安全虚拟机发送报警信息；如果 VMhuko 发现该操作是正常的，将利用指令模拟器模拟该操作的执行。为了保证攻击者不能绕过 VMhuko 对内核数据的监控，本系统还必须对内核程序中的内存映射操作进行验证。如果内核程序试图对受保护的内存页面创建新的内存映射，VMhuko 将及时阻止这种操作。

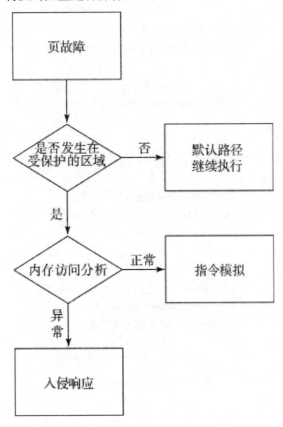

图4-3 VMhuko监控内核程序访问内核数据的过程

    需要指出的是，VMhuko 不能仅根据产生页故障的 EIP 寄存器所指向的代码来判断其操作是否合法，因为恶意的内核程序（如 Rootkit）很可能通过调用操作系统内核中的合法代码来实现非法修改内核数据的目的。然而，这种访问内核数据的模式在 Linux 内核正常源代码中并不存在，如鼠标驱动程序不会通过相关内核函数修改进程链表。为了抵御这些非法利用内核现有代码的攻击，VMhuko 需要从内核栈上提取内核程序调用内核函数的路径，并根据相关安全策略判断出该路径是否合法。图 4-4 给出了 VMhuko 遍历内核堆栈的算法。因为内核堆栈是从高地址向低地址扩展的，所以 EBP 加 1 所指向的内容即为 EIP 寄存器的值。

```
Input:virtual_addr//虚拟内存
Output:good or malicious memory access
//判断是正常还是异常内存访问操作
unsigned long pfn;
pfn = get_guest_physical_addr( virtual_addr);
if( is_protected_area( pfn) ) |
      ebp = get_guest_ebp( );//获取 ebp 寄存器
      eip = get_guest_eip( );//获取 eip 寄存器
      while( !ebp_is_stack_bottom( ) )
      |
            if( is_trusted_text( eip) ) |
                  add_stack_trace_queue( eip);
            |
            eip = * ( ebp + 1 );
            ebp = ( unsigned long * ) * ebp;
      |
|
if( stack_trace_queue_is_good( ) )//判断栈轨迹是否正常
|
            free_stack_trace_queue( );
            return 1;// 正常内存访问
|
else
|
            add_stack_trace_to_warning_info( );
            free_stack_trace_queue( );
            return 0;// 异常内存访问
|
```

图4-4　内核堆栈遍历算法

二、指令模拟的实现

VMhuko 要求按字节粒度保护内核数据安全，而传统的硬件机制却只能提供页粒度保护。例如，如果将内核数据所在的内存页面设置为写保护，那么内核程序对该内存页面中其他数据的写操作都将受到影响。针对这一问题，VMhuko 采用了基于指令模拟的方法来保证触发页故障的合法指令继续执行。为了减少对 Xen 的修改，本小节利用了 Xen 中现有函数实现其指令模拟功能。如图 4-5 所示，VMhuko 首先调用 hvm_emulate_prepare 函数，准备好需要模拟的上下文环境；然后调用 hvm_emulate_one 函数，对发生页故障的指令进行模拟，如果模拟器发生异常，则必须调用 hvm_inject_exception 函数向客户机中注入相关异常；最后，当模拟器完成指令模拟时，需要调用 hvm_emulate_writeback 函数把模拟之后的上下文信息写回客户虚拟机的执行环境中。

```
struct cpu_user_regs * regs; //CPU 寄存器
struct hvm_emulate_ctxt myctxt; //模拟器上下文
...
hvm_emulate_prepare(&myctxt,regs); //准备模拟环境
myrc = hvm_emulate_one(&myctxt); //模拟当前指令
switch(myrc) {
    case X86EMUL_UNHANDLEABLE: //模拟失败
        printk("UNHANDLEABLE!! \n");
        break;
    case X86EMUL_EXCEPTION: //模拟出现异常
        printk("EXCEPTION!! \n");
        if(myctxt.exn_pending)
        hvm_inject_exception(myctxt.exn_vector,
        myctxt.exn_error_code,0); //注入异常
    default:
        hvm_emulate_writeback(&myctxt); //模拟写回
        break;
}
...
```

图4-5 指令模拟的实现

虽然本模拟器能够模拟绝大多数产生页故障的指令，但是还是有少数指令无法正常模拟。针对这一问题，可以重新设计新的模拟器，但这样需要修改大量 Xen 的代码。为此，VMhuko 采用了另一种基于调试执行的方法：

首先，本系统将内核数据所在的内存页面恢复成原来的保护状态，如把只读的页面设置成原来可写的状态。

其次，开启单步调试寄存器。

再次，重新执行产生页故障的指令。此时，由于之前开启了调试寄存器，程序将再次陷入 VMM 中。

最后，关闭调试寄存器，重新将该内核数据所在的内存页面设置成相应的保护状态，如将可写内存页面设置成只读状态。

与模拟执行相比，调试执行的性能开销相对比较大。其原因是模拟执行只需要陷入 VMM 中一次，而调试执行需要陷入 VMM 中两次。

三、安全策略的实现

本系统的实现在很大程度上依赖于安全策略的制定。利用源代码分析工具 CIL 并结合人工的方法对 Linux-2.6.24 内核中重要的数据结构进行分析，同时，还根据现有内核级 Rootkit 破坏内核数据的访问模式提取相关的安全策略。表 4-2 给出了 VMhuko 系统中的部分安全策略。其中，访问控制的主体是内核模块（在表中被省略），客体包括静态和动态内核数据。

表4-2　VMhuko系统中的部分安全策略

操作	客体	响应方式
Write	syscall_table	Reject
Read	ptm_tanle	Alarm
Read	skbuff_head_cache	Alarm
Write	proc_root	Alarm
Write	root_dir_ops	Reject

四、控制器的实现

控制器位于安全虚拟机的应用层。VMhuko 通过增加新的 hypercall 使控制器直接与底层 VMM 进行通信。当 VMhuko 检测到内核数据被恶意访问时，实施器会向控制器发出报警。为了实现该功能，VMhuko 采用了事件通道（event channel）和共享内存技术。首先，VMhuko 在用户层调用 xc_evtchn_open 函数，建立事件通道；其次，在虚拟机监控器层调用 alloc_xenheap_pages 函数，为其分配共享内存；最后，在用户层调用 xc_map_foreign_range 函数，将之前分配的内存映射到控制器中。

第五节　系统的评测

硬件测试环境为一台配置为 Intel1.86GHzCPU 和 4GB 内存的 PC。在系统的评测中，测试了 VMhuko 对内核数据保护的有效性和性能两方面内容。

一、有效性评测

VMhuko 的主要功能是阻止恶意内核模块对敏感内核数据的访问。本系统不但能保护静态内核数据，还能保护动态内核数据。为此，本小节测试内核级 Rootkit 对静态内核数据和动态内核数据的修改。

在进行有效性实验之前，需要先根据安全策略设置目标内核数据所在的内存权限。然后通过 Linux 中的 insmod 命令向操作系统内核分别载入 8 种包含不同恶意行为的内核模块，具体见表 4-3。其中，前 6 种为真实的 Rootkit，而后 2 种为作者开发的恶意内核模块。实验结果表明，所有模块中破坏内核数据的恶意行为均被 VMhuko 成功检测出来。下面以 All-root 和 Lvtes 为例，具体介绍 VMhuko 阻止 Rootkit 破坏内核数据的过程。

表4-3　有效性实验测试结果

恶意内核模块	恶意行为	检测结果
Adore-ng 0.56	修改内核函数指针	成功检测
Override	修改内核系统调用表	成功检测
All-root	修改内核系统调用表和进程描述符	成功检测
Hp	修改内核进程链表	成功检测
Lvtes	修改内核系统调用表和内核模块链表	成功检测
Kdb-version 3	修改内核系统调用表	成功检测
Test1	修改root_dir_ops	成功检测
Test2	修改security_ops	成功检测

All-root 攻击内核数据的手段是直接修改进程描述符 task_struct 中的 uid、gid、euid 和 egid 字段。这些字段决定着当前进程的权限等级，而不同的权限等级决定不同进程所能执行的操作（如读写文件操作）。当 All-root 作为内核模块被载入操作系统内核空间时，将首先替换系统调用表中 getuid 函数入口地址。因此，一旦有进程调用 getuid 函数，将触发 All-root 执行恶意代码，即把进程描述符 task_struct 中的 uid、gid、euid 和 egid 字段清零。该攻击可以提升用户进程的操作权限。VMhuko 成功检测并阻止了 All-root 对系统调用表和进程描述符的写操作。因为这些内核数据所在的内存页面都被事先设置为只读权限，所

以其写操作将导致页故障，而陷入虚拟机监控器中。VMhuko 通过查找的安全策略发现其写操作是非法的，因此成功阻止了该操作的执行。

Lvtes 破坏内核数据的手段是将恶意内核模块从内核模块双向链表中删除。当 Lvtes 被载入内核空间中执行时，首先修改系统调用表，然后通过调用内核宏 list_del 修改模块描述符 module 中的 list 字段（其中包含链表的前指针 list.prev 和后指针 list.next），从而将该模块从内核模块链表中移除。由于 module 中的 list 字段属于敏感内核数据，其内存区域已被设置为只读权限。当 Lvtes 试图修改模块双向链表中的前指针和后指针时，其写操作将触发页故障，从而陷入 VMM 中。类似的，VMhuko 通过策略匹配检测出 Lvtes 试图对内核数据进行非法修改。

二、性能评测

为评测内核数据保护机制给系统带来的性能影响，本小节进行一系列基准测试。首先，使用 Lmbench 和 UnixBench 进行微基准测试；其次，为了测量 VMhuko 给应用程序带来的性能开销，测试 6 种应用程序在 VMhuko 保护下的性能指标。

（一）微基准测试

微基准测试的目的是评测在 VMhuko 保护下执行创建进程操作及进行 CPU 运算的性能开销。表 4-4 和表 4-5 分别给出了相应的微基准测试结果。其中，VMhuko 为创建进程操作引入了 3 ~ 4 倍的性能开销，而为 CPU 运算操作仅带来了不到 6.5% 的性能损失。其原因是执行创建进程操作需要访问受保护的内核数据结构 task_struct，从而引发页保护异常，导致程序的执行陷入 VMM 中。这个过程经历了从客户机操作系统到 VMM，以及从 VMM 返回客户机操作系统两次上下文切换，因此其性能开销比较明显。然而，CPU 运算操作不需要访问内核数据结构，不会导致虚拟机环境的上下文切换，因此其性能开销非常小。

表4-4　创建进程操作的测试结果

创建进程操作	原始性能	VMhuko性能	性能开销
Process fork+exit	92.87μs	457.61μs	393.73%
Process fork+execve	296.47μs	1296.58μs	337.34%
Process fork+/bin/sh−c	697.38μs	2813.57μs	303.45%

表4-5　CPU运算操作的测试结果

CPU运算操作	原始性能	VMhuko性能	性能开销
Dhrystone2	108554791ps	101537821ps	6.46%
Whetstone	2268 MWIPS	2185MWIPS	3.66%

（二）应用程序基准测试

采用 6 种应用程序来测试本系统带来的性能开销，其配置信息见表 4-6。

表4-6 应用程序基准测试的配置

测试集	版本	配置
Kernel Build	Linux-2.6.24	make
Decompression（bz2）	Tar 1.19	tar-zxf<file>
Compression（gz）	Tar 1.19	tar-zcf<file>
Network Throughput	Netperf 2.4.5	-H<ip>-130
Network Transfer Rate	ApacheBench2.0.24	-c5-n20<url/file>
File Copy	Cp1.32	Cp-r<source-dir><dest>

表 4-7 给出了相应的测试结果。其中，性能开销最大的应用测试为编译 Linux-2.6.24 内核，VMhuko 为该测试引入了近 38% 的性能开销。另外，性能开销最小的应用测试为压缩标准的 Linux-2.6.24 内核源代码文件，其性能损失不到 10%。与微基准测试的分析类似，VMhuko 给应用程序带来的性能损失很大程度上取决于该应用程序通过系统调用访问内核数据的次数。因为在编译 Linux 内核过程中，相关的内核程序需要频繁访问内核数据，所以其性能开销相对比较明显。对于压缩程序 Tar，其主要工作是 CPU 运算操作，因此 VMhuko 为其引入的性能开销相对比较小。

表4-7 应用程序基准测试结果

测试集	原始性能	VMhuko性能	性能开销
Kernel Build	2804s	3867s	37.91%
Decompression（bunzip2）	35271ms	40612ms	15.14%
Compression（gz）	123573ms	135395ms	9.57%
Network Throughput	19.89MB/s	16.56MB/s	16.74%
Network Transfer Rate	2261KB/s	1876KB/s	17.03%
File Copy	1857KB/s	1513KB/s	22.74%

虽然 VMhuko 能较好地保护操作系统内核数据的安全，但是在某些应用环境下其性能开销却不是特别理想。针对这一问题，可能的解决方法是通过修改操作系统内核，使不同类型的内核数据位于不同的内存页面中。由于正常操作系统很少访问重要的内核数据，因此 VMhuko 只需要截获并验证少量的内存访问操作，其性能将得到较大的提升。

第五章 基于虚拟化技术的
内核模块安全测试

当前软件安全测试的主流方法是基于反馈驱动的模糊测试，其代表工具为 AFL。该工具的基本原理是通过对源码进行插桩，获取目标程序执行路径的覆盖率，从而有针对性地进行测试用例变异，以提高程序执行路径覆盖率。相比于其他的模糊测试工具，AFL 工具配置比较简单，性能较好，并且能发现很多复杂程序的软件漏洞。大量的研究者在 AFL 模糊测试工具基础上做了很多改进，进一步提高了模糊测试的效率。其主要的改进包括测试用例的选取、变异策略的选择及程序执行路径的跟踪和探索。然而，大部分现有的模糊测试工具主要关注用户程序的测试，无法对内核模块进行安全测试。

为了测试内核模块安全，一些研究者提出了相关方法。2015 年，Google 公司发布了一款基于覆盖率的内核自动化测试工具 syzkaller，其基本原理与 AFL 模糊测试工具相似，通过对内核源代码插桩获取内核执行路径覆盖率，从而引导测试用例的生成。然而，syzkaller 无法对没有源代码的操作系统内核进行测试。为此，TriforceAFL、Kernel-Fuzzing 等工具利用 QEMU 模拟器动态插桩方法得到内核覆盖率信息。不过，由于 QEMU 模拟器需要对二进制指令进行解码和翻译，其性能开销较大，运行 QEMU 一般需要较高的硬件资源。

针对内核模块安全测试所面临的问题，本章设计并实现一种基于虚拟化技术的内核模块安全测试系统。该系统结合模糊测试技术和符号执行技术，能有效地对二进制内核模块进行安全测试，并且带来的性能开销较小。

第一节 技术挑战和解决方案

一、测试二进制程序的挑战

目前大多数模糊测试工具均采用插桩方式对程序进行测试，在插桩过程中划分基本块，并进行唯一性标识。尽管这种方式对于源码测试比较高效，但是该方式对于基本块的唯一性标识存在冲突碰撞的可能，同时也缺少对二进制程序的支持。

尽管部分模糊测试工具可以对二进制程序进行测试，但是普遍缺少反馈机制，使得测试效率较低。即使少数模糊测试工具采用了反馈机制，如 QAFL，但由于需要对指令进行模拟追踪，一方面模拟器难以全面和正确地模拟目标指令，可能会导致目标程序模拟执行时产生错误；另一方面，模拟执行时的插桩或指令转换等操作在很大程度上影响了目标程序的性能，导致测试效果欠佳，在实际应用中难以取得满意的测试效果。此外，模糊测试技术本身也存在盲目性和随机性的问题，导致无法测试较深的程序路径。

二、测试内核模块漏洞的挑战

目前绝大多数模糊测试工具主要关注对用户程序的测试。如果直接将测试程序的方法应用于内核模块测试中，会存在以下一些问题：

1. 内核模块与普通的应用程序不同，没有通用的交互方式。

2. 对内核模块进行模糊测试，操作系统存在系统崩溃和超时的问题。

3. 操作系统内核层有更多的不确定性，内核线程程序并不是顺序执行的，如硬件中断操作可能会打断内核模块的执行流程。

4. 当遇到闭源的内核模块时，现有漏洞挖掘工具利用系统模拟器来获取覆盖率，效率低下，通用性欠缺。

二、解决方案

针对以上挑战，本章提出利用模糊测试技术和符号执行技术相结合的方法。为高效跟踪内核模块的执行路径信息，本解决方案利用硬件辅助的虚拟化技术和 Intel Processor Trace（Intel PT）技术，其基本思路与 AFL 模糊测试工具类似，主要基于内核模块执行路径覆盖率，引导测试用例生成。当生成的新测试用例无法提升路径覆盖率时，将利用符号执行技术生成测试用例，以触发新的执行路径。该方案不需要对操作系统和内核模块进行任何修改，易于在实际环境中部署。

第二节　系统概述

本内核模块安全漏洞检测机制的基本思路是结合模糊测试技术和符号执行技术对内核模块进行安全测试。首先，给定一个测试用例，在虚拟化环境下利用 Intel PT 技术跟踪目标内核模块的执行路径，然后将路径信息转化为程序代码覆盖率信息。其次，模糊测试模块将当前输入的代码覆盖率与之前测试用例生成的代码覆盖率进行比对，以判断是否产生新的代码覆盖。如果代码覆盖率增加，则表明该测试用例是一个比较好的用例，能覆盖内核程序新的执行路径，可进一步对其进行变异。如果代码覆盖率没有增加，则表明该测试用例无法触发内核程序新的执行路径，可舍弃。当模糊测试模块在一段时间内都无法发现内核模块新的执行路径时，将利用符号执行技术产生新的路径。

第三节　系统的设计与实现

一、技术背景介绍

近几年来，Intel 的酷睿处理器虽然在性能上的提升并不明显，但是在大家看不见的地方仍然在不断地更新硬件功能，Intel PT 技术便是其中的一个。其实 Intel 的处理器发展以来，一直在开发很多有助于程序分析的新功能。在 Intel 引入 PT 技术之前，Intel CPU 中已拥有 Branch Trace Store（BTS）和 Last Branch Record（LBR）分支记录功能。BTS 作为最早引入的性能计数功能，能将程序的分支跳转信息记录在内存缓冲区中，并且可以配置内存缓冲区大小。当内存缓冲区被写满时，CPU 会产生中断，从而通知操作系统进行相应处理。由于 BTS 机制开启后会带来较大的性能开销，在实际运行环境中并不适用。LBR 机制完全采用 MSR 寄存器保存分支跳转地址，其性能较好，并且能够过滤不需要的分支跳转，弥补了 BTS 的缺点。由于 LBR 所拥有的寄存器的数量非常有限，LBR 可能无法完整记录目标程序的所有跳转信息。

针对以上问题，Intel 在第五代酷睿架构处理器中引入了 Intel PT 技术。该技术利用 CPU 内部的硬件机制，能在性能开销较小的情况下完整捕获程序的执行路径。针对目标程序的控制流信息，Intel PT 会生成不同类型的控制流数据包：

1.Taken-Not-Taken（TNT）包。TNT 包代表条件分支跳转（如 jnz、jl 等跳转指令）的方向，taken 代表跳转，nottaken 代表不跳转。在实际编码中，只用记录一位。

2.TargetIP（TIP）包。TIP 包记录了间接跳转、异常、中断和其他分支或事件的目标地址。

3.Flow Update Packets（FUP）包。FUP 包能够提供异步事件（中断和异常）的源地址，以及一些其他无法从目标二进制程序中确定原地址的情况。

4.模式数据包。这类数据包为解码器提供重要的处理器执行信息，便于解码器正确解释反汇编程序。执行模块有 16 位、32 位、64 位。

解码工具利用这些数据包与二进制程序反汇编工具，能够动态生成一个较为精确的程序控制流图。模糊测试工具利用符号执行技术早在 20 世纪 70 年代就被提出，但由于当时的计算能力的限制，未能在实际环境中应用。近年来，随着计算能力的增强，符号执行技术又开始兴起。不同于模糊测试，符号执行的核心思想是将程序外部输入作为一个符号值，然后通过某种方式对程序进行模拟执行。在执行的过程中，会使符号值进行实际计算，形成符号表达式。每当执行过程中遇到条件分支时，如果与符号表达式有关，那么此符号表达式便产生了约束限制，当程序执行到指定的位置时，便会形成相当多的约束限制，最后使用求解器对这些约束限制进行约束求解，生成输入。符号执行最明显的优势是能定量地探索目标程序的未知执行路径，并反推出程序的目标输入。经过近年来的发展，符号执行已形成了许多开源工具，如 KLEE、S2E、BAP 和 Angr。KLEE 是针对源代码进行动态符号执行的工具，而后三个工具都可以对二进制代码进行符号执行。虽然目前这些系统已经比较成熟，但是如果只是纯粹的作为符号执行进行应用，则仍然存在较多的问题。例如，如果程序规模较大，则可产生路径爆炸问题；在符号执行过程中，需要对约束进行求解，在有些情况下由于约束比较复杂，难以在规定时间内进行求解。针对符号执行的问题，目前比较主流的方法是将模糊测试和符号执行相结合，以发现并测试程序更多的路径。

二、系统架构

本系统的总体架构图如图 5-1 所示。从图中可知，除去需要进行模糊测试的目标操作系统，本系统共分成五大模块：测试用例生成模块、扩展的 Qemu 模块、扩展的 Kvm 模块、加载器模块、模糊测试程序模块。

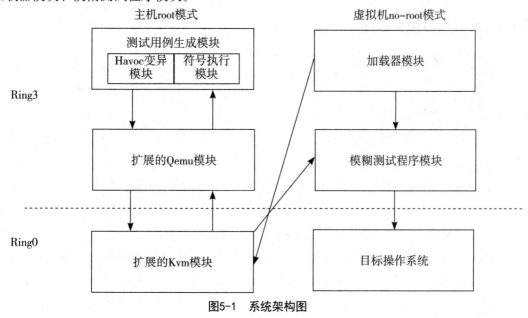

图5-1 系统架构图

测试用例模块可以细分为变异生成测试用例模块和符号执行生成测试用例模块。其中，变异生成测试用例模块与传统的反馈驱动模糊测试工具 AFL 比较相似，其需要通过扩展的 Qemu 模块获取程序的覆盖率，从而以覆盖率为向导对测试用例进行变异。符号执行生成测试用例模块作为测试用例变异模块的辅助功能运行。当通过变异生成的测试用例长时间无法提高程序的覆盖率时，启动符号执行，来探索新的路径，生成测试输入。扩展的 Qemu 模块为在原始的 Qemu 程序中增加了新的功能。Qemu 管理这个整个虚拟机的内存空间，所以可以通过一定的设计，提供虚拟机系统内存修改的功能，因为需要对 Kvm 模块进行扩展，所以身为用户层的 Qemu 程序需要进行对应的设计，方便对 Kvm 模块的调用。除此之外，Qemu 中一个非常重要的功能是，能够将 IntelPT 功能跟踪生成的各种数据包结合反汇编引擎解码为分支路径，转换为位图，作为覆盖率的体现形式。扩展的 Kvm 模块的主要功能是对 IntelPT 功能进行配置，在合适的时机启用和关闭 IntelPT 功能，保证能够获取合适的 IntelPT 数据包。在 Kvm 中实现的诸多功能需要提供用户层接口，供 Qemu 进行调用。除此之外，也存在一些 Kvm 无法处理的功能，如虚拟机的内存修改，所以 Kvm 作为一个中转将这些无法处理的功能交于 Qemu 进行处理。虚拟机中的模块在功能上显得更加简单，加载器模块会收集系统崩溃时调用函数的地址，通过 Kvm 的中转，交与 Qemu 进行处理。通过 Qemu 中实现的共享内存适配，对内存进行共享，这样能够在虚拟机中访问主机的内存，获取存在于主机中的程序。模糊测试程序是直接与虚拟机内核模块进行交互的模块。因为内核模块不同于普通应用程序，没有通用的交互方式，所以这个模块需要针对指定的内核模块进行设计。如果需要支持更多的操作系统，还需要研究更多的应用程序与内核模块的交互方法。这 5 个模块构成了一个完整的系统，将当前主流的反馈驱动模糊测试技术和符号执行技术引入内核模块漏洞检测中，从而提高内核漏洞检测的效率。

三、系统流程设计

　　整个系统的虚拟机其实是以一个快照的形式启动，这样设计保证测试系统产生崩溃时，能够以同样的快照快速重置虚拟机，并且保证相同的运行环境。图 5-2 描述了整个系统的运行流程。首先测试用例生成模块作为整个系统的初始化运行模块，调用相关的指令，载入虚拟机快照。当虚拟机恢复快照之后，内部的加载器模块会通过调用一条 VMCALL 指令，提交系统崩溃时会调用的函数地址，在 Linux 系统中，有 panic（）和 kasan（）函数。Kvm 获取到地址信息后，会返回给 Qemu 程序进行处理，通过 Qemu 的内存空间管理机制，为这两个函数安装 hook 程序，即在函数相应的位置插入 VMCALL 指令，用于通知 Kvm 虚拟机监控器目标系统崩溃。接着，加载器模块会通过 VMCALL 指令，请求模糊测试程序选择新的测试用例对目标内核模块进行测试。因为针对每个内核模块的测试程序都不相同，所以需要对不同内核模块加载不同测试程序。由于在 Qemu 程序中扩展了一个 PCI 设备，利用此设备能够通过共享内存的方式，完成主机与虚拟机之间的交互。利用该方法，加载器模块能够获取内核模块对应的模糊测试程序，并启动此程序。模糊测试程序在启动后会通过 VMCALL 指令请求采用 IntelPT 机制的 CR3 过滤技术，该技术启用后，能保

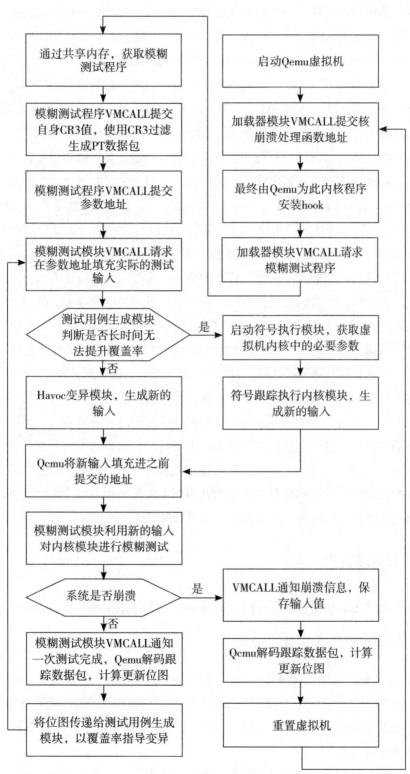

图5-2 系统运行流程图

证IntelPT仅记录与CR3寄存器对应的目标进程对内核模块进行测试的内核控制流信息。模糊测试程序需不断地变换输入与内核模块进行交互。因为这些内核输入的数据都是在主机中生成的，所以模糊测试程序会通过VMCALL指令提交一个共享缓冲区地址，之后利用Qemu的内存空间管理机制不断地往此地址写入新的输入即可。

整个系统的初始化工作完成后，接下来将是整个系统循环的模糊测试和符号执行辅助的过程。模糊测试程序通过 VMCALL 指令，请求需要测试的输入。如果只是第一次循环，模糊测试模块将直接使用输入与内核模块进行交互，更新包含程序路径信息的位图，记录覆盖率改变的时间即可。模糊测试程序请求新的输入，最终会将通知信息转发到测试用例生成模块，该模块会读取上次覆盖率更新的时间，与当前的时间做比对。如果测试时间没有超过 10 分钟，利用 Havoc 变异方法生成新的输入，此变异方法来源于 AFL 模糊测试工具的设计；如果测试时间超过 10 分钟，覆盖率始终没有得到提升，便会启动符号执行模块，此模块通过一些适配的方法，使当前主流的符号执行框架应用于内核模块，通过跟踪已有的路径符号执行内核模块，从而生成新的输入。无论是通过何种方式生成的新输入，都需要通过 Qemu 的内存空间管理机制写入目标虚拟机的共享内存中。模糊测试系统利用新的输入对内核模块进行模糊测试。如果在此次过程中目标虚拟机系统没有引发崩溃，IntelPT 功能会不断地记录所生成的跟踪数据包，每当数据包溢出缓冲区空间，便会进行数据包解码，并更新程序路径信息图。当此次测试完成时，模糊测试程序会给出相应通知，解码剩余的跟踪数据包，更新程序路径信息图，将该信息图通过共享内存的方式与测试用例生成模块共享。最后，整个测试过程会从模糊测试程序请求新的输入开始循环。当然，在模糊测试的过程中，目标虚拟机系统可能发生崩溃，目标系统中的崩溃处理程序会调用VMCALL 指令通知崩溃信息，Qemu 会解码跟踪数据包，更新程序路径信息图，测试用例生成模块会将此输入进行特殊保存，最后测试用例生成模块利用相关指令重新恢复虚拟机快照，达到重置虚拟机的效果，整个流程从加载器模块重新开始运行。

四、系统实现

本系统的实现主要基于开源符号执行工具 angr 和开源虚拟化平台 Kvm。

（一）符号执行工具实现

目前 angr 仅支持对用户程序进行符号执行。将其应用于内核模块的符号执行可能存在以下几个问题：①内核模块的函数地址偏移问题；②内核模块的外部函数适配问题；③内核模块外部变量适配问题。本小节将针对这些问题进行解决，使 angr 能够有效地应用于内核模块的符号执行。

利用 angr 对应用程序进行符号执行的过程，可使用 angr 的默认状态 entry_state 函数，该函数会主动识别应用程序的入口地址，并从这个入口地址开始符号执行。不同于应用程序，内核模块的入口地址无法预先确定。通常情况下，内核模块载入内核空间后会注册一些内核回调函数，之后操作系统会在适当时机调用这些回调函数，不同的回调函数对应不同的功能。考虑到内核模块漏洞主要存在于比较复杂的内核回调函数中，本系统主要关注这些回调函数。借助 IDAPro 静态分析工具，能有效定位到内核模块中的复杂回调函数在程序代码段的偏移地址。将该地址设置为 angr 工具进行符号执行的入口地址，能初步对该内核模块中的函数进行符号执行。

内核模块中的函数在进行符号执行过程中可能会调用操作系统内核所导出的外部函数，而这些外部函数的功能通常比较复杂，如果对其进行符号执行，将带来极大的性能开销。针对这一问题，angr 工具为外部函数设计了相关的简化摘要。当符号执行遇到外部函数时，angr 会首先 hook 该函数，然后转去执行这些简化的函数摘要。angr 工具目前仅构建了 libc 库函数的摘要，因而无法对内核 API 函数进行适配。本系统修改了 angr 工具，构建了重要内核函数的摘要，使其能对常见的内核 API 函数进行符号执行。

内核模块在符号执行过程中还可能会使用操作系统中的全局变量。针对这一问题，本系统利用 system.map 镜像文件获取内核全局变量的内存地址。基于这些地址信息，通过利用 volatility 内存取证框架可直接获取内核全局变量的具体值。

由于符号执行会带来较大的性能开销，本系统主要将符号执行作为一个模糊测试的辅助手段，只有当模糊测试模块在一段时间内都没有再发现新的路径时，才会利用符号执行模块来探索新的程序执行路径。其基本原理是通过已有的有效输入来生成一条有效执行路径。在符号执行的过程中，跟踪某一条路径，然后在分支跳转处进行取反操作。如果取反能够得到新的程序路径，符号执行模块将使用约束求解器进行约束求解，生成新的有效测试用例，并将该测试用例传递给模糊测试模块。此后，模糊测试模块将对新的测试用例进行变异和测试，当一段时间没有发现新的路径时，将再次调用符号执行模块进行路径探索。

内核模块的自动化符号执行流程如图 5-3 所示，可分为以下 8 步：

1. 获取内核模块加载的基地址；

2. 建立内核模块的 angr 工程，自定义基地址参数，使用步骤①中获取的基地址；

3. 利用 readelf 工具获取内核模块段偏移地址和内核回调函数相对偏移地址，在 angr 工具中设置内核模块载入内存的地址；

4. 利用 readelf 工具获取内核模块的重定位信息，在 angr 工具中适配内核模块的外部函数调用；

5. 通过内核变量的地址来获取内核变量的具体值，在 angr 工具中适配内核模块的外部变量；

6. 读取需要跟踪的程序路径；

7. 利用 angr 跟踪路径符号来执行内核模块，判断是否探索到新的程序路径；

8. 如果没有发现新的程序路径，则读取新的需要跟踪的路径，重复第⑦步，否则符号执行结束。

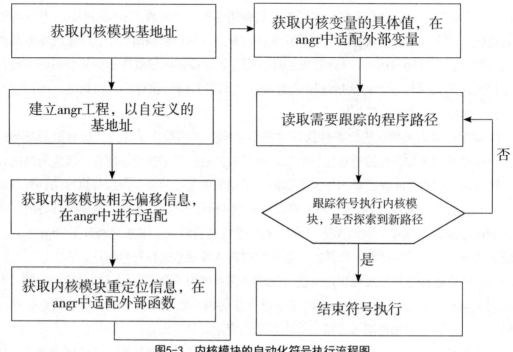

图5-3　内核模块的自动化符号执行流程图

（二）主机应用程序与Qemu的通信实现

在许多情形下，测试用例生成模块需要与 Qemu 程序进行相互控制和通信，才能使整个系统的运行流畅。例如，当虚拟机崩溃时，最终需要通知测试用例生成模块，由此模块来恢复虚拟机快照，因此需设计并实现一个可靠的双向通知机制。

本系统设计了一个 PCI 设备。这种设计方式是为了在主机和虚拟机之间共享一些资源，但是并不适合用于测试用例生成模块和 Qemu 程序之间的控制通信。所以需要采用其他方式，使这两个模块能够相互控制和通信。在 Qemu 本身的设计中，能够使用多种字符设备，这些字符设备能够作为其他模拟设备的输入和输出。进程之间常用的通信方式为套接字通信。根据 Qemu 官方用户手册，套接字作为字符设备的一种，可用于在 Qemu 中进行通信。在建立 Qemu 虚拟机时，可以采用 -chardevsocket 选项建立一个双向通信的套接字。Qemu 能够支持 TCP 和 unix 套接字，在使用上述参数的时候，需对 path 参数进行指定，从而创建一个 unix 套接字。unix 域套接字能够用于在一台主机上两个进程间的通信，并且其传输速度是 TCP 套接字的两倍。针对本系统的要求，unix 套接字能很好地满足要求。除此之外，Qemu 还可以通过 server 参数指定套接字为一个监听套接字，nonwait 参数指定 Qemu 不应该阻塞等待的客户端连接到监听套接字。在 Qemu 虚拟机启动指令中，需要将本小节自定义的 PCI 设备的字符参数设置为此字符设备，这样该自定义的 PCI 设备便能够与主机程序通过套接字进行双向通信。

此套接字在本系统上是以一个文件的形式存在的。对于应用程序，采用普通的 recv（）和 send（）函数调用，即可完成对套接字的接收和发送；而对于 Qemu 程序，以上的参数设置还需要对 Qemu 的功能进行扩展才能够实现套接字通信。在 Qemu 中有专用的字符设备处理函数，只需要对 qemu_chr_fe_write（CharBackend * be, constuint9_t * buf, intlen）函数进行调用，即可完成对套接字的发送。为了接收套接字，可以使用 qemu_chr_fe_set_handlers（Char Backend * b, IO Can Read Handler * fd_can_read, IORead Handler * fd_read, IO Event Handler * fd_event, void * opaque, GMainContext * context, boolset_open）函数设置套接字，对套接字进行相应处理。在这些传输的套接字中，都使用一个字符来代表某种功能，Qemu 发送给测试用例生成模块的字符代表的功能见表 5-1，测试用例生成模块发送给 Qemu 的字符代表的功能见表 5-2。

表5-1 测试用例生成模块的字符代表的功能

字符	功能
'P'	通知测试用例生成模块系统引发panic类型崩溃
'K'	通知测试用例生成模块系统引发kasan类型崩溃
'R'	通知测试用例生成模块虚拟机快照已恢复完成

表5-2 Qemu程序的字符代表的功能

字符	功能
'R'	通知Qemu已经初始化功能
'L'	通知Qemu完成一些设置的重置，在重置虚拟机时使用
'S'	通知Qemu在Inter PT技术中启动过滤功能
'O'	通知Qemu在Inter PT技术中关闭过滤功能
'P'	通知Qemu已发送新测试用例
'E'	通知Qemu记录执行路径

通过以上的套接字通信方式，测试用例生成模块和 Qemu 程序能够交互，控制整个系统的运行。

（三）Kvm接口的导出实现

本小节为 Kvm 实现了诸多 IntelPT 相关的功能，但是 Kvm 作为操作系统内核的一部分，这些功能不能直接使用，需要提供应用层调用的接口给 Qemu 使用。

针对调用接口的设计，本小节参考了普通字符设备的设计。此外，Kvm 内核模块本身也是会向应用层提供调用接口的，所以直接将新添加的功能的接口与 Kvm 本身的接口放置在同一区域的代码也是可以正常使用的。但是，这样实现可能会将原始接口和添加的接口混合在一起，从而影响原始功能。由于这些功能都属于同一类别，可通过注册一个新的设备单独处理这些功能，从而避免这些问题。最终，本小节使用 anon_inode_getfd（）函数单独创建一个新的 vmx_pt 文件实例。该实例使用完整的文件操作接口，其功能接口见表 5-3。应用程序第一次获取文件描述符后，便可以始终通过此文件描述提供的功能接口调用相关功能。

表5-3　Kvm扩展功能提供的Ioctl接口

Ioctl命令	参数	描述
KVM_WMX_PT_SETUP_FD	无	获取VMK_PT的文件描述符
KVM_VMX_PT_GET_TOPA_SIZE	无	获取ToPA域的大小
KVM_VMX_PT_CHECK_TOPA_OVERFLOW	无	检测ToPA是否发生溢出
KVM_VMX_PT_ENABLE	无	启动PT功能
KVM_VMX_PT_DISABLE	无	关闭PT功能
KVM_VMX_PT_ENABLE_CR3	无	启用CR3过滤
KVM_VMX_PT_DISABLE_CR3	无	关闭CR3过滤
KVM_VMX_PT_CONFIGURE_CR3	CR3寄存器值	配置CR3值
KVM_VMX_PT_CONFIGURE_ADDR |0−3|_ {A, B}	内核模块 地址范围	配置地址过滤范围
KVM_VMX_PT_ENANLE_ADDRN	地址范围	使用地址过滤设置
KVM_VMX_PT_DISABLE_ADDRN	地址范围	不使用地址过滤设置

第四节　系统的评测

本系统的评测使用 Dell 商用笔记本作为测试环境，其配置为 Inteli56300HQ2.26 GHzCPU，8GB 内存；主机操作系统为 Ubuntu16.04（内核版本为 Linux-4.6.2），QEMU 版本为 2.9.0，Angr 版本为 7.8，目标虚拟机操作系统为 Debian8（内核版本为 Linux-3.16）。本系统为 DomU 虚拟机分配了 1GB 内存和 1 个 VCPU（VirtualCPU）。系统评测具体包括性能评测和有效性评测两方面内容。

一、性能评测

图 5-4 所示为测试用例生成模块实时生成的程序状态图，完全由字符组成。此输出的设计来源于 AFL 模糊测试系统的设计，通过对其中一些参数的分析，便能够得知整个系统运行的状态。

在普通的应用程序漏洞挖掘中，有一些可用的测试集能够使用，但是针对内核模块却没有这样的测试集。其原因在于应用程序有通用的输入接口，设计的测试集很容易进行完整的测试。然而，每个内核模块提供的用户层交互接口都不尽相同，并且这些接口数量庞大，对每一个内核模块的测试都需要进行相应的适配，才能进行测试。本次实验共采用 3 个内核模块进行测试：vuln_test.ko、snd-timer.ko 和 snd-seq.ko。

```
                    * x86 - 64 kernel test *

Runtim:        000:00:35:05   Performance: [ | | | | | | | | | | |        ]  2.0K t/s
Last Path:     000:00:07:52
Bitmap:        01.0b/00.1%              Fuzzing Technique Progress
Blacklisted:         0/    0   Bitflipping:  [ * * * * * * * * * * * * * * ]   502
                               Arithmetic:   [ * * * * * * * * * * * * * * ]   6.8K
Cycles:              15         Interesting:  [ * * * * * * * * * * * * * ]     922
Level:             9/   9       Havoc:        [ *                          ]   12K
Favs:  18/   18   (100%)       Splicing:     [                            ]   12K
Pending:           0/   0
Skipped:           0/   0       Panic:    94    (2)   CPU:          56.4%
Payload-Size:        22B        KASan:     0    (0)   RAM:          61.0%
Total:             4.5M         Timeout:   0    (0)                 HAVOC
```

图5-4 测试用例生成模块的输出

1.vuln_test.ko 为自编写的测试程序。在此模块中，实现了一个 write_info 函数，在这个函数中有多个分支跳转，这些分支跳转的判断条件可能是单个字符，也可能是较长的字符串。

2.snd-timer.ko 是一个音频定时器驱动，由 timer.c 文件编译生成，能够在 /dev/snd 目录下生成 timer 字符设备，提供声卡上时间处理硬件的访问。其在 file_operations 中也实现了多种函数，本次测试也只测试 unlocked_ioctl 用户函数所对应的内核函数。

3.snd-seq.ko 为音频时序器驱动。此驱动比较复杂，由 seq.c、seq_lock.c、seq_clientmgr.c 等多个文件编译链接而成，能够在 /dev/snd 目录下生成 seq 字符设备，在 file_operations 中实现了多种函数，本次测试只测试 write 用户函数所对应的内核函数。

表 5-4 为三个内核模块在只使用模糊测试的情况下，进行 30min 测试所得到的统计数据。表 5-5 为三个内核模块在只使用模糊测试的情况下，进行 1h 测试所得到的统计数据。表 5-6 为此三个内核模块在同时使用模糊测试功能和符号执行功能的情况下，进行 30min 测试所得到的统计数据。表 5-7 为此三个内核模块在同时使用模糊测试功能和符号执行功能的情况下，进行 1h 测试得到的统计数据。

表5-4 使用模糊测试功能30min数据统计

测试模块	执行时间/s	位图覆盖率/%	测试速率/（c/s）
vuln_test	1800	0.1	2541
snd-timer	1800	1.1	2126
snd-seq	1800	1.3	2008

表5-5 使用模糊测试功能1h数据统计

测试模块	执行时间/s	位图覆盖率/%	测试速率/（c/s）
vuln_test	3600	0.1	2493
snd-timer	3600	1.3	2102
Snd-seq	3600	1.8	2058

表5-6　同时使用模糊测试功能和符号执行功能30min数据统计

测试模块	执行时间/s	位图覆盖率/%	测试速率/（c/s）
vuln_test	1800	0.2	1931
snd-timer	1800	1.3	2026
Snd-seq	1800	1.6	2008

表5-7　同时使用模糊测试功能和符号执行功能1h统计数据

测试模块	执行时间/s	位图覆盖率/%	测试速率/（c/s）
vuln_test	3600	0.2	653
snd-timer	3600	1.4	1905
Snd-seq	3600	2.1	1983

从统计的数据分析中能够发现，在仅仅使用模糊测试功能进行测试时，vuln_test 模块的测试速度始终都是最快的。其原因在于 vuln_test 为作者编写的测试驱动，并没有像真实环境中的驱动程序那么复杂，所以每一次用户层与内核模块的交互将会快速完成，从位图覆盖率中得到的信息也能够验证该情况。在四个统计表中，vuln_test 模块的位图覆盖率最小，表明其拥有最少的分支路径，这样程序的测试速度较快。

在功能的对比中，当启用符号执行功能时，发现三个内核的位图覆盖率都有所上升，表明符号执行技术在整个内核漏洞检测中能够起到辅助作用，能够发现新的路径，提高程序执行路径的覆盖率。

除此之外，通过分析同时使用模糊测试功能和符号执行功能对内核模块进行测试的数据，还发现了测试速率骤降的问题。vuln_test 模块在 30min 的测试过程中，平均速率能够达到每秒完成 1931 次测试，但是当测试进行到 1h，平均速率骤降到每秒 653 次，并且这两个时间段的统计，测试速度都低于 snd-timer 和 snd-seq 模块。针对该问题，通过深入分析发现，由于 vuln_test 的路径较少，在短时间内，模糊测试模块便不能通过变异发现新的路径。根据整个系统的设计，当位图长时间无法更新时，将会启动符号执行模块，通过此模块跟踪符号执行内核模块，探索新的路径。虽然符号执行模块有很大可能探索到新的路径，但是其速度对比模糊测试是相当缓慢的。由于 vuln_test 的路径分支较少，可能出现符号执行跟踪多条路径，始终无法探索出新路径的情况，导致进一步地拖慢整个系统测试的速率。在本系统的设计中，已经在一定程度上克服了符号执行的局限性（如路径爆炸问题），但是仍然会对测试速度产生较大影响。符号执行相对于模糊测试，在测试速度上有很大的劣势，这也是目前几乎没有纯粹的符号执行技术能够应用于实际的漏洞挖掘中的原因。不过，让符号执行作为模糊测试的一个辅助手段，能有效提高漏洞挖掘的效率。

二、有效性评测

除了测试速率，漏洞的实际检测效果是漏洞挖掘工具的更重要的评判标准。本小节将对本系统的漏洞检测效果进行试验。

本测试依然采用 vuln_test、snd-timer 和 snd-seq 三个内核模块。为了检测此系统的漏洞检测效果，分别为这三个内核模块添加同样的漏洞代码，以模拟特定输入系统崩溃漏洞。图 5-5 为添加漏洞的简要伪代码，在正常代码中引入了两个漏洞。当该漏洞触发漏洞后，系统将崩溃。为了简化当前测试方法对系统崩溃的处理，在添加代码中直接调用系统崩溃处理函数。之所以需要设置两个漏洞，是因为反馈驱动的模糊测试系统在单字符判断的分支路径中有较好的路径探索能力，但是当有的分支路径需要比较长的字符串进行匹配时，模糊测试系统便很难应付这种情况。符号执行恰好擅长计算长字符串的匹配，这样设计有利于验证符号执行的效果。因此，在实验测试中采用两种方式来检测漏洞：①只使用模糊测试功能；②同时使用模糊测试功能和符号执行功能。

```
系统崩溃处理函数（）；
if交互的参数与字符中"KERNELPANIC"匹配
系统崩溃处理函数（）；
```

图5-5 添加漏洞的伪代码

表 5-8 为仅使用模糊测试功能测试 30min 的效果统计。表 5-9 为仅使用模糊测试功能测试 1h 的效果统计。表 5-10 为同时使用模糊测试功能和符号执行功能测试 30min 的效果统计。表 5-11 为同时使用模糊测试功能和符号执行功能测试 1h 的效果统计。

表5-8 使用模糊测试功能30min发现漏洞统计

测试模块	执行时间/s	添加的漏洞1	添加的漏洞2
vuln_test	1800	发现漏洞	未发现漏洞
snd-timer	1800	发现漏洞	未发现漏洞
Snd-seq	1800	未发现漏洞	未发现漏洞

表5-9 使用模糊测试功能1h发现漏洞统计

测试模块	执行时间/s	添加的漏洞1	添加的漏洞2
vuln_test	3600	发现漏洞	未发现漏洞
snd-timer	3600	发现漏洞	未发现漏洞
Snd-seq	3600	未发现漏洞	未发现漏洞

表5-10 同时模糊测试和符号执行功能30min发现漏洞统计

测试模块	执行时间/s	添加的漏洞1	添加的漏洞2
vuln_test	1800	发现漏洞	发现漏洞
snd-timer	1800	发现漏洞	发现漏洞
Snd-seq	1800	未发现漏洞	未发现漏洞

表5-11 同时模糊测试和符号执行功能1h发现漏洞统计

测试模块	执行时间/s	添加的漏洞1	添加的漏洞2
vuln_test	3600	发现漏洞	发现漏洞
snd-timer	3600	发现漏洞	发现漏洞
Snd-seq	3600	未发现漏洞	未发现漏洞

从统计数据中能够发现，在仅使用模糊测试功能时，始终无法触发漏洞 2。除了以上的测试数据，本实验将测试时间继续增加，并且考虑到模糊测试的随机性，进行多次测试。最终发现在这三个驱动中，仍然无法触发漏洞 2。其原因主要是漏洞 2 的触发必须匹配字符串"KERNELPANIC"。由于模糊测试通过变异生成种子的随机性，很难产生完美匹配字符串的测试用例，从而无法更新测试程序路径和提高代码覆盖率，导致以覆盖率为指导的变异策略失效。通过理论分析和实验验证，仅利用模糊测试技术突破长字符串的匹配可能性较低。

从实验统计数据中可以发现，当启用符号执行模块时，vuln_test 和 sndtimer 内核模块都能够触发漏洞 2。其实验结果证明了符号执行技术为模糊测试系统提供了有效的辅助手段，能在一定程度上提高代码覆盖率。不过，从实验统计数据中也能够发现，snd-seq 内核模块在 1h 的测试中，漏洞 1 和漏洞 2 的调用都未能触发。通过分析发现其原因是实验将漏洞代码添加到了 snd-seq 内核模块中比较深的路径中。在短时间的测试中，所产生的测试用例并不能到达这个路径。随后，本实验提高了测试的时间，在 3h 左右发现了漏洞 1。因为漏洞 2 与漏洞 1 紧邻，在随后的测试中很快触发了漏洞 2。

由于本系统目前仅对部分内核 API 函数进行了适配，无法对某些复杂的内核模块进行符号执行。针对这一问题，最直接的解决方法是尽可能适配大多数常用的内核 API 函数，不过这些适配工作会带来较大的工作量。此外，符号执行技术本身也存在一些局限性（如路径爆炸问题和复杂约束求解问题），在与模糊测试技术结合时，对某些特定的内核模块可能无法发现更多程序路径，因此并不一定能完全提升内核模块安全测试的效率。随着符号执行技术的发展，选择一种合适的符号执行技术应用到内核模块的安全测试中，将是未来的一个研究方向。

第六章　面向传感器的虚拟化技术应用研究

第一节　传感网虚拟化体系结构及解决方案

一、传统传感网架构

传统物联网为三层架构：感知层、网络层、应用层。应用层是用来为用户提供多样性的传感应的；网络层负责数据的传输以及控制命令的传输；感知层是体系结构的最下面一层，是整个物联网体系结构的基础。然而，传感网处于传统物联网的分层式体系结构的最底层：感知层，包含所有的传感基础设施，它为上层应用提供各种硬件资源及环境感知的所有功能。

传感网作为感知层的基础网络，是所有传感终端节点的集合，负责数据的感知，为所有应用提供感知数据服务的功能。但是，传统的传感网架构存在一定的问题，那就是传统的传感网只负责为某一特定的传感应用服务，不具备传感基础设施的共享性。在传统的传感网中，传感网具有一定的专用性，传感应用与其专用传感网是密不可分的，不可能实现互相分离，这样最终会导致传感网中的传感基础设施资源的巨大浪费，而且也不能够充分发挥每一个传感终端节点的全部能力。这种现象不利于物联网传感应用的多样性开发，不能更好地实现传感基础设施资源的共享，容易造成传感网基础设施资源的重复性部署带来的资源浪费。

二、面向应用的传感网虚拟化体系结构

面对传统传感网架构的不足之处，通过调查研究发现，虚拟化技术的出现有助于改善这一现状。传感网络的虚拟化催生了一种新型的面向多样应用服务的虚拟化体系架构与传统的传感网体系结构不同，这种面向应用的传感网虚拟化体系结构由三部分组成：①传感基础设施层；②传感虚拟化网络服务层；③应用层。在每一层都有不同的角色来负责对应

的工作，传感基础设施层由传感基础设施提供者组成，传感虚拟化网络服务层是由传感虚拟化网络服务提供者组成，应用层则由应用层用户组成。感知环境是一个多种类型的传感终端节点的异构组合，这些传感节点共存于同一个物理空间网络中。传感网虚拟化是一种可以创建虚拟拓扑的虚拟网络的技术方案，经过虚拟化形成的网络建立在传统传感网络的物理拓扑之上。基于虚拟化技术思想，传感网的虚拟化将传统的传感网络的功能进行了分割，将其分为传感基础设施提供者和传感虚拟化网络服务提供者。

传感基础设施提供者（SlnP）负责部署传感基础设施资源。SInP可以提供各种不同类型的传感资源和网络资源，并且可以通过可编程接口向不同的传感虚拟化服务提供者（SVNSP）提供其所需求的传感资源。由于设备厂商的多种多样，不同的组织和企业均可以部署不同的类型的传感终端节点，并且可以部署个人的传感基础设施，这些基础设施提供给SVNSP用来服务于用户的应用需求。而且SVNSP可以获取来自不同的传感基础设施提供者的传感基础设施资源，并根据这些资源和虚拟化技术来部署不同的VSN网络，形成满足具体应用需求的VSN网络，向不同用户提供多样的端到端的用户应用服务，与传统物联网架构中的应用层最为类似的是虚拟化模型中的应用层。多样性的传感虚拟化网络服务提供者可以为用户提供多样化的传感应用服务，这是最大的差别，任何应用用户都可以连接到多个SVNSP，共享传感基础设施资源。

面向应用的传感网虚拟化架构依然分为三层：（1）传感基础设施层；（2）传感虚拟化网络服务层；（3）应用层。三层组成部分分别具有不同的功能，第一层是由SInP负责传感基础设施资源的部署，与传统部署相比，不单独针对应用部署，而是综合传感资源和应用前景进行部署，同时为传感虚拟化网络服务提供者提供资源服务；第二层由SVNSP负责，利用来自不同SInP的传感资源（如网络、数据、路由等），通过虚拟化技术实现多个面向不同应用的VSN网络，然后向应用层用户提供不同的应用服务；第三层中开发人员可以根据需求设计不同的应用，完成具体的工作需求。面向应用的传感网虚拟化体系结构可以实现传感基础设施资源的共享，提高传感基础设施资源的利用率，避免基础设施的重复性部署。

（一）传感基础设施层

在本层中的主要角色是传感基础设施提供者，在一定物理区域内，传感基础设施提供者可以部署和管理底层的物理传感网络资源。基础设施资源可以包含各种不同的传感终端设备和传感器、控制器等。一方面，SInP可利用不同的通信技术标准组建不同的传感网络，如蓝牙、ZigBee、6L0WPAN等传感网络。另一方面，感知环境中的传感终端节点通过配备不同类型的传感器和控制器（如温度、烟雾、心率、血压和血糖等类型），用于环境、人体等方面的监测。

在物理感知环境中，智能传感网关用于感知层网络与互联网通信的出入口，同时负责传感网虚拟化的主要工作。所有的SSG都拥有足够的电力供应，以及充足的硬件资源（如内存、计算能力等），并且所有的 SSG 之间通过高速的无线或者有线的方式相连。智能传感网关（SSG）不仅可以实现传感网络的虚拟化，而且可以被 SVNSP 使用作为虚拟智能传感网关，用来形成服务特定应用的 VSN 网络。

传感基础设施提供者可以根据实际需要部署多个智能传感网关，而且由于现在设备提供商参差不齐，所以设备供应商或者个人公司都可以作为传感基础设施提供者来组建属于自己的独有的传感基础设施网络。这些传感基础设施网络既可以为本公司的应用服务，也可以租赁给其他传感虚拟化网络服务提供者，即 SVNSP。SVNSP 可以根据租赁来的传感基础设施构建针对具体传感应用的不同虚拟化网络，提供不同的传感虚拟化应用服务。在一个大规模的联合传感网络中，这样做好处在于可以让应用层用户忽略传感网络部署的细节问题，而专注于开发实际的物联网应用。不同类型的分散的感知网络组成了一个大规模的联合的传感感知环境，这种传感基础设施的联合，可以极大地提高传感基础设施的利用率。

（二）传感虚拟化网络服务层

传感虚拟化网络服务提供者作为传感虚拟化网络服务层的主要角色，通过租借不同传感基础设施提供者的基础设施资源，利用虚拟化技术组建满足某一应用的 VSN 网络，为应用层用户提供不同类型的应用服务，如数据感知、统计或者通信等服务。

传感虚拟化网络服务层可以有多个传感虚拟化网络服务提供者：SVNSP-1、VNSP-2……不同的 SVNSP 都是直接从 SInP 租赁传感基础设施资源，然后针对应用形成特定的 VSN 网络，并以透明的方式提供给用户不同的虚拟网络资源。为了实现虚拟化，传感虚拟化网络服务提供者也可以租借不同的智能传感网关（SSC），利用虚拟化技术形成对应的虚拟智能传感网关（VSSG），然后通过这些虚拟智能传感网关用于特定应用的 VSN 网络的形成，这些虚拟智能传感网关是传感网关的处理能力、存储等资源的抽象描述。在两个虚拟智能传感网关之间的虚拟链路也是来自底层的传感基础设施提供者。而且一个 SVNSP 同样可以将本身掌握的虚拟网络资源提供给其他的 SVNSP，通过这种方式传感基础设施资源可以被重复使用。通过这种方式提供的资源由于已经被某一个或者多个 SVNSP 处理过，所以可以大大地提高资源的有效性。

（三）应用层

与传统物联网应用层功能基本相同的是虚拟化架构的应用层，多样性的传感虚拟化网络服务提供者可以为用户提供多样化的传感应用服务，这是最大的差别。用户可以使用多个 VSN 网络，针对 SVNSP 提供的传感虚拟化网络服务来开发不同的物联网应用。或者，用户根据应用的需求，向 SVNSP 请求不同的服务，然后 SVNSP 租借 SInP 的基础设施资源形成满足要求的 VSN 网络。对于应用层的用户来说，虚拟化技术实现了对底层传感基础设施资源的隐藏，可以更加方便高效地开发物联网应用。

在应用层中可以有不同用户和企业（如医生、病人以及其他类型的公司等），按照实际应用的需求，应用层用户向 SVNSP 发送请求。然后，SVNSP 利用虚拟化技术匹配该应用请求的 VSN 网络，并将所需的传感基础设施资源提供给应用层用户。例如，对某一地区的温湿度监测、对医院病人的检测、通信链路租借等应用需求。

三、传感网虚拟化解决方案

（一）解决方案

通过对面向应用的传感网虚拟化架构的研究，本章提出了一种面向应用的传感网虚拟化解决方案。本章提出的传感网虚拟化解决方案通过智能传感网关实现了对底层传感基础设施的共享，使得部署的传感网不再只服务于某一个特定的传感应用，而是可以被多个传感应用所共享使用，可以充分发挥已经部署好的传感基础设施资源的作用，提高传感基础设施资源利用率。

应用服务器主要是用于传感应用的开发运行以及作为感知数据的仓库，智能传感网关是传感网虚拟化解决方案的核心部分，主要负责对传感应用请求进行分析和应用匹配，然后按需合理分配和调度传感基础设施资源，形成一个虚拟覆盖网络，通过形成的虚拟覆盖网络为对应的传感应用提供传感基础设施资源服务，以满足传感应用的要求，最大化地提高传感基础设施资源的利用率，达到传感基础设施资源被不同的传感应用所共享的目标。在传感终端节点上，通过虚拟抽象层的设计，实现多种传感应用的并行运行的功能。

为解决智能传感网关与应用服务器和传感终端节点之间的通信问题，本节引入了简单网络管理协议，用于南向和北向通信。

1. 北向通信

北向通信是指应用服务器与智能传感网关之间的通信，在本节中北向通信协议采用了标准的简单网络管理协议。应用服务器可以通过这个北向通信协议与智能传感网关进行通信，向智能传感网关发送传感应用请求，从而让智能传感网关分配相应的传感基础设施资源，形成针对某一特定传感应用的虚拟覆盖网络，为传感应用提供资源服务。

2. 南向通信

南向通信是指智能传感网关与传感网的传感终端节点之间的通信。本节对标准的简单网络管理协议进行了轻量化处理，然后采用这种轻量级的简单网络管理协议作为智能传感网关与传感终端节点之间通信的南向通信协议。智能传感网关通过这个轻量级的南向协议向传感终端节点发送获取数据以及资源的指令，为对应的传感应用获取传感基础设施资源。

（二）智能传感网关

1. 组成结构

在面向应用的传感网虚拟化体系架构中，智能传感网关是至关重要的组成部分。智能传感网关虚拟化的主要目的是方便提供可选和有效的传感基础设施资源概况，形成服务于特定传感应用的虚拟覆盖网络。如果智能传感网关支持传感虚拟化和网络虚拟化的环境，那么隶属于智能传感网关的其余传感终端节点只需要负责感知任务以及数据的转发任务，不需要进行复杂的应用处理。通过传感网络的虚拟化技术，智能传感网关能够支持多个传感虚拟化服务提供者的服务请求，进而为应用层的多个应用服务。

作为整个传感网虚拟化架构的关键组成部分，智能传感网关是功能全面的网关路由器，负责底层传感网的虚拟化以及支持多应用的同时处理。从纵向来看软件组成分为四个层次：①物理层；②系统层；③中间件层；④应用层。从横向来看，物理层是物理硬件资源的结合，主要包含处理器、射频模块、存储模块以及物理接口模块等。中间件层是传感网虚拟化实现的关键，由网络/资源虚拟化模块、输入/输出管理模块以及网络接口管理模块组成。中间件层是功能丰富的层次，可以实现 I/O 接口复用、路由机制及 VSN 网络。应用层提供了应用路由转发机制、应用分类调度机制及相关协议的转换功能。

2. 运行机制

在本节提出的传感网虚拟化体系结构中，智能传感网关是整个传感网的控制层面，包括传感网络监测、控制策略的实现以及应用分析匹配和覆盖网络的形成。因此，智能传感网关的功能决定了虚拟化能够实现。

当部署一个区域的传感网之后，智能传感网关会先进行信息资源的收集过程，主要有环境感知和网络监测，环境感知包括隶属于本智能传感网关的所有传感终端节点的基础可用资源，网络监测则包括相邻的智能传感网关的网络信息以及下层的传感网的网络信息。

当智能传感网关收到来自 SVNSP 的应用请求的时候，智能传感网关会对应用请求进行分析，并且匹配对应的传感应用类型。如果与智能传感网关已有的传感类型相匹配，然后将应用请求交给将进行的决策过程。该过程主要是按照已经制定的资源分配策略为该传感应用分配相应的传感基础设施资源，并且根据当前智能传感网关的转发控制策略进行应用请求的转发，使得每一个满足该传感应用的智能传感网关都能获取相应的传感基础设施资源。决策阶段在进行资源分配和转发控制的时候，所依据的就是收集阶段对底层传感网和相邻智能传感网关的基础设施资源和网络情况。

最后一步是执行阶段，在完成了上面的所有过程之后，智能传感网关将按照前面阶段的分析和策略进行执行，包括应用请求在智能传感网关之间的转发、针对请求的传感应用的虚拟覆盖网络的形成、实际信息数据的获取以及使用结束后传感基础设施资源的释放。在整个智能传感网关运行的过程中，根据收集来的实时的网络信息对智能传感网关中存储的传感基础设施资源进行实时的更新。

（三）传感终端节点

在感知环境中，为达到环境参数感知和数据传输的目的，感知环境中的传感设备可以被分为多种不同类型。传感终端节点在本节中被分为两种：全功能终端设备和精简功能终端设备。传感基础设施提供者按照实际需要部署分布式的传感网络，在这些网络中的传感节点由于被分散在不同的地理范围，所以需要通过一个协调节点接入智能传感网关，并对上层开放传感基础设施资源，Sink 节点是一种类型的传感网络融合点，负责协调数据和控制命令的上传下达，是全功能终端设备。同时，在一个地理范围内，为了感知数据的转发，需要多个全功能设备，因为这些设备可以有路由表并转发数据，同时也能够完成感知任务。在传感感知网络中，由于存在多样性的感知环境以及不同厂家和不同类型的传感终端设备等问题，这两种类型的传感终端设备所负责的任务的侧重点有所区别，但是通过两者的组合，完全可以实现传感网中的所有功能，包括环境感知和数据转发。

由于 FFD 是全功能的传感节点，因此其软件功能组成更加完善，除了负责具备感知和监测的功能外，还具备了数据路由转发等功能。然而，RFD 的主要作用是用于实现监测和控制动能，所以不需要转发和调度等功能。

尽管两种类型的传感终端设备在功能上有所差别，但是两者通过虚拟化抽象层的实现来完成多应用多感知的目标，来执行多个传感应用。这样做的意义在于打破了传统上只为某一特定应用部署传感网络的现状，而且符合面向应用的传感网虚拟化体系架构的要求，实现传感基础设施的利用率，不再是只为某一特定的应用服务，达到共享传感基础设施资源的目的。

第二节　基于SNMP的传感网通信协议的改进

根据面向应用的传感网虚拟化解决方案，为实现在应用服务器与智能传感网关之间以及智能传感网关与传感终端节点之间通信功能，本节引进了简单网络管理协议作为传感网虚拟化解决方案的通信协议。在应用服务器与智能传感网关之间采用现有的标准简单网络管理协议。

一、简单网络管理协议的优势与局限性

（一）简单网络管理协议的优势

简单网络管理协议（SNMP）是互联网中最为常用的网络管理通信标准协议，主要是由管理信息库、管理信息结构以及用于管理和代理两个进程之间的通信交互协议三个部分构成：更多的硬件厂商生产的硬件设备将简单网络管理协议写入其硬件设备中，让其在互联网中运行时作为对硬件设备管理的一种应用通信交互协议，并且将其应用于互联网中的众多网络设备中，如路由器、交换机，甚至集线器等网络设备。面对如今各种版本的设备操作系统，简单网络管理协议可以做到对这些不同种类的操作系统所兼容，如最为常见的大众化的系统 Windows 以及不同类型发行版本的 UNIX/Linux 等桌面操作系统。

然而，简单网络管理协议被设计成为 TCP/IP 网络协议最上层的应用层通信标准协议，因为其原本就是为了用于互联网中对网络设备进行管理和监测的。但是，由于协议操作简单以及使用方便等方面的优势，使得该协议可以被多样的设备和网络所广泛应用，发挥协议本身的巨大优势。

因此，将简单网络管理协议应用于传感网络虚拟化中，并作为虚拟化系统实现的通信协议。这样做的原因是出于简单网络管理协议的上述特点，除此之外，简单网络管理协议所具有的以下特征是将其应用于传感网中的主要依据：

1.SNMP 协议是应用层的协议，其与传输协议无关的设计特性，使得 SNMP 协议可以在不同的传输协议上运行，有利于通信协议的移植。

2. 协议中请求/应答式的操作方式，由于传感网络是一种资源受限的网络，因此不可能允许过于频繁的通信交换，这种请求应答方式恰恰符合传感网络的特点，有利于保持传感网络整体的稳定性，也适用于虚拟化网络的建立过程。

3. 物联网中的传感网络是一种覆盖范围广、设备繁多的网络，如何对其管理是一个急需解决的挑战。然而，简单网络管理协议被设计成为 TCP/IP 网络协议最上层的应用层通信标准协议，其原本就是为了用于互联网中，对网络设备进行管理和监测的。因此，将其引入传感网络中不仅可以作为虚拟化通信协议而且可以用于传感网络的管理，为传感网络的虚拟化环境以及各种应用服务提供全方位的支持。

（二）简单网络管理的议的局限性

正如前文所述，将简单网络管理协议用于传感网络中以及用作传感网络虚拟化中的通信协议拥有很多的好处，但是，细想之下依然会面临一些挑战性的问题。

在物联网发展环境中，传感网络的部署是大规模的，不管是从成本还是技术等方面考虑，这就导致了传感网络中的传感终端设备都是资源受限的，诸如计算能力的不足、存储能力的局限以及传输带宽的受限等因素。综合考虑传感网络的各种特性之后，完整的简单网络管理协议的有些特征在传感网中是不适用的，对于传感网来说，简单网络管理协议的局限性如下：

1. 对于受限的传感网来说，简单网络管理协议的报文显得过于庞大。因为互联网中的网络设备的计算以及存储能力都是相当可观的，所以不存在这样的问题。然而，对传感网中用于环境感知和监测的传感终端设备来说，简单网络管理协议由于其自身的局限性而不是完全的适用。如果在传感网的终端设备上实现完整的 SNMP 报文协议，会导致终端设备上的资源不能更好地为传感应用服务，这不是传感网部署的真正意义所在。

2. 用于管理和监测互联网中网络设备的信息库过于复杂。传感网络中的传感终端设备所能提供给信息库的资源是有限的，而且与互联网不同，面向传感应用的传感网更侧重于应用而不是具体的设备参数，所以需要对传统的管理信息库进行轻量化和增加传感应用的信息。

3. 由于 SNMP 协议并不是针对网络虚拟化而设计的，所以为了用作传感网络虚拟化的通信协议，为 SNMP 协议增加与传感网络相关的协议操作和报文类型是必要的。

4. 传感网络类型的复杂性，由于传感网络不像传统互联网一样是单一的 IP 网络，而 SNMP 是针对 IP 网络设计的，所以需要将其与不同传感网络协议栈的传输协议进行适配，使得简单网络管理协议符合传感网中的传感终端设备的要求。

综合考虑之下，完整的简单网络管理协议不是完全适用于传感网络以及作为传感网络虚拟化的通信协议，需要针对传感网络及其虚拟化的具体情况对简单网络管理协议进行轻量化处理和适当改进，使其适合传感网络环境。

二、简单网络管理协议的轻量化处理

面对传感网络的局限性以及传感网虚拟化的新特性，对简单网络管理协议进行了适当的轻量化处理，并在原有协议操作的基础上进行了适当的扩展操作，让 SNMP 协议符合传感网络的要求以及传感网虚拟化的要求。

（一）SNMP协仪的报文压缩处理

报文头包含协议的命令控制信息，协议数据单元包含需要发送的实际数据，这两者对于一个完整的简单网络管理协议报文来说是必须具备的组成元素。对 SNMP 协议报文的压缩处理主要是对其数据报头的处理，而数据报头是指除去协议数据单元之外的报文字段，由两个元素构成：信息头、控制字段。简单网络管理协议的具体协议标准不是一成不变的，而是经历了不同版本的改进和发展。而且每个 SNMP 版本都定义了不完全一致的信息头部和控制字段。本节在综合考虑了不同版本的差异性之后，分别进行了阐述。

例如，单从 SNMP 的第二版本来看就有三种不同的报文定义，分别是：（a）SNMPv2p；（b）SNMPv2c；（c）SNMPv2uo。三种不同的定义分别是基于不同的模式，并且应用于不同的网络环境中的。

1.SNMPvl 头部压缩

在传感网中四字节的版本字段是没有必要的，因为简单网络管理协议的版本号只有从 0~3 在被使用，而且传感网中传感终端设备实现全部版本的 SNMP 协议是不必要的。同时，考虑到对 SNMP 报文协议进行压缩后，只需要 4 个比特的大小就足够表示全部的版本号。

在标准 RFC 文档中，从语法上分析，团体字段是一个可变的 8 比特字段，该字段具备一定的安全性，表示了只读或者可读可写状态。在传感网络中一个可变的字段可能成为引起网络传输不稳定的因素，如果可变字段过长的时候会对传感网络造成一定的负担。为了解决可变字段的这个问题，实现传感网络的虚拟化，将团体字段定义为一个字节的固定大小的字段，并且为这个字段的内容分配不同类型标识符，用于传感网虚拟化的具体操作。

控制字段用来实现 SNMP 协议的具体协议操作方式以及各种操作状态，包含操作类型、请求标识、差错状态以及差错索引四个字段。

请求应答的操作方式是简单网络管理协议的特点，而这种操作形式同样也是传感网所需要的。标准简单网络管理协议的第一个版本 SNMPvl 有五种类型的请求应答操作：Get Request、Get Next Request、Get Response、Sei Request and Trapo 操作类型本是四字节字段，但是由于只有五种操作类型，所以将其压缩为四比特字段就可以满足实际需求。为了用作传感网络虚拟化中的通信协议，在保持协议操作原来作为管理协议功能的基础之上，本节对这五种类型的协议操作附加了新的操作含义：Get Request 的另一个定义是用来向 SInP 请求虚拟化网络；Get Next Request 用来对之前的应用服务请求做补充请求，这个发生在获取的现有的资源不能够满足某一特定应用的需求的时候；Get Response 增加的含义是对应用服务请求的应答，用于通知用户或者 SVNSP 可用的传感基础资源；Set Request 暂时没有赋予新的含义；Trap 用于报文上传的特点使其被赋予新的功能：向智能传感网关注册每一个传感终端节点。

标准的请求标识字段也是四字节字段，该字段主要用于匹配 SNMP 中的请求和应答。请求标识字段的另外一个作用是用于不稳定网络环境中 SNMP 报文的重复性检测，以避免 SNMP 报文的重复。鉴于在传感网络中应用服务请求数量不像互联网中如此之多，而且传感网虚拟化方案中的应用不可能无限增多，所以将四字节的字段压缩成一个字节大小，可以记录标号为 0 到 255。应用请求通过定量分析可以证实，一字节大小的请求标识字段可以满足传感应用服务请求的需求。对于每一种通信协议来说都会定义一定的差错状态，不可避免 SNMP 报文协议同样有这样的定义，而且分别定义了四字节的差错状态和差错索引两个字段，以及六种错误类型来表示可能的错误状态，所以长度可以进行适度的缩减，单字节可以满足其要求。同时，由于在 SNMP 的请求报文中，差错状态和差错索引两个字段并没有实际的含义，通常设置为 NULL，鉴于这个原因本文设计了在发送 Get REwl、Get Next Request 和 Set Request 报文的时候将这两个字段省去。

与其他四种操作类型有所不同的是 Trap 类型，Tmp 报文的格式不同于其他四种类型，主要作用是在传感终端节点主动发送消息，以及在智能传感网关中注册传感终端节点。将 Trap 操作类型字段定义成四个比特的字段，因为 SNMPvl 定义了七种 Trap 类型。同时由于实际应用中 M1B 定义的特殊 Trap 项通常小于 255，将特定代码字段压缩成一个字节。在本节设计的轻量化处理机制中，拥有四个字节的时间和字段被同样压缩为一个字节的长度。

2.SNMPv2c 版本的头部压缩

SNMPv2c 也是一种基于团体认证模式的协议版本。因此 SNMPv2c 报头格式和 SNMPvl 是相同的，采用了与 SNMPvl 类似的轻量化处理策略。从两个版本的不同点进行展开，两个版本的最大不同之处在于 SNMPv2c 在控制字段中增加了新的协议操作类型，分别是 Get Bulk Request、Inform Request、Trapv2、Report。从这点分析，SNMPv2c 版本共有九种操作类型，对比 SNMPvl 版本这个字段压缩处理后四比特字段，总共可以表示十六种类型，因此虽然操作类型增多但是之前的处理可以满足要求。

对于 SNMPv-3 来说，主要是在安全和可配置方面对简单网络管理协议进行了改进，因此 SNMP 报文格式基本上是一致的，可以延续前面的压缩处理方案。

3.PDU 变量字段的压缩处理

协议数据单元（PDU）是 SNMP 变重组成部分，由多个变量对组成，然而每个变量对是由对象名和对象值组成的 0 对象名就是一个对象标识符。因此，对其进行压缩的算法有很多不同的种类。

与此同时，在保持原有含义和功能不变的前提下，为了进一步压缩 PDU 变量字段的长度，还考虑了一种非对称的压缩方案。在一定的条件下将对象名字段的对象标识符省去，这样做是基于控制字段中的请求标识字段可以用来匹配对应的请求和应答报文。不过，这种方法不适用全部的请求和响应报文，只适用于某些特定情况（如可靠性要求不高的情况），因此有待于进一步研究。

（二）协议操作类型扩展

简单网络管理协议的通信模式是一种以请求/应答为基础方式的通信模式，因此在整个简单网络管理协议运行的过程中存在最多而且使用最频繁的是一问一答的交互方式。这种方式虽然切合传感网络的特点，但是由于过于频繁的请求/应答会导致传感网络中通信流量过于庞大，对于带宽受限的传感网络来说存在影响其稳定性的风险。针对这样的风险，本节依据应用请求的周期性特点以及多播和广播的优势，对协议的操作类型进行了扩展。

1.周期应用请求

对于实时性要求不严格的应用请求以及同时到达的请求，采用了周期性处理的方式，智能传感网关可以通过整合相应的应用请求，然后向传感网络发送一个周期性应用请求，这样一个请求可以获得多个应用请求的应答，在一些传感应用情况下可以有效减少一问一答方式带来的通信流量的激增。另外，对于需要周期性应答的应用请求来说，需要告知相应的传感终端节点要周期性地上传所需要的传感信息，本节通过在 SNMP 报头后面添加一个一字节的时间间隔字段来通知传感终端节点，单位是一分钟。与此相对应，停止周期性请求也被定义为一种操作类型，用于当不需要周期性的数据时候，通过这种操作类型来通知传感节点停止上传传感信息，扩展的操作协议报文的字段格式以及含义。

2.SNMP 的广播和多播

对于标准的简单网络管理协议来说，最开始设计的是点对点的通信结构，只能通过请求 / 应答的方式来访问某一个互联网的网络设备的相关信息。然而在传感网络中这种点对点的方式不能够满足全部的需求，因为传感网络中的传感终端节点不计其数，不可能通过点对点的方式来管理每一个传感终端设备，只能在确定了某种具体目的并且具体到某一传感设备的时候采用点对点模式，而面对大规模的传感节点来说，需要有新的通信方式完成。

借鉴互联网中的多播与广播的优势，将其应用到传感网络中，实现对大规模传感终端设备的访问以及控制。广播与多播也可以与前面扩展的操作类型相结合，减少单次轮询的次数，在提高通信效率的同时控制网络通信流量。由此可见，在简单网络管理协议中增加广播与多播的益处显而易见，而且实际实现也不复杂，增加广播和多播后，结合周期应用请求和停止操作，可以使简单网络管理协议在传感网及其虚拟化方案中发挥更大作用。

（三）管理信息库简化

在传感网络中，传感终端设备都是存储资源受限的并且相当宝贵的，标准的管理信息库 MIB 过于庞大不适用于传感网络中的传感设备，因此本节重新设计一种轻量化的管理信息库 LICHT-MIB。结合传感网络的特殊性，LICHT-MIB 可划分为：（1）传感参数，包含具体的传感设备的各种参数；（2）系统参数，主要囊括系统以及网络的详细信息。

第一部分描述传感终端的具体参数，为与标准管理信息库相匹配，所以本节在互联网下的私有分支中定义一个新的节点作为根节点（假设为 X），然后定义不同传感设备和感知参数。

第二部分是对传感网络中的系统参数的具体描述，将原有 MIB 中通用的部分提出来作为前缀处理，然后按照传感网络的具体特性对传感网的系统参数细化描述。

对象标识符前缀用于区分参数分支，传感设备一列描述了传感网络中的传感终端，而具体的设备信息放在下层分支中。传感设备的设备信息由多个数据项组成，每个数据项的实现都是结合具体的传感网络的。Sensor ID 是每个传感设备标识用来区分传感的终端，Sensor Type 代表着传感设备的类型，主要有两种类型：感知类和控制类。Sensor Dala 则是感知参数，当设备是控制类的时候，该项为 NULL。SensorS 间 us 指示了传感设备的状态，假设设备是感知类，那么这一项表示传感器的状态。

三、协议操作流程

经过轻量化处理以及协议扩展，简单网络管理协议可以适应传感网的受限环境，将其融入传感网虚拟化解决方案中，能够充分发挥简单网络管理协议的优势，也有助于实现传感网虚拟化。上文主要详细地描述了简单网络管理协议的轻量化处理过程，包括报文的压缩处理、协议操作的拓展以及管理信息库的简化处理。

在传感网虚拟化解决方案中引入 SNMP 协议，目的在于解决面向应用的传感网虚拟化体系结构中各组成之间的通信交互问题，如传感应用的请求、感知数据的上传、控制命令的下达以及网络环境的监测等具体的协议交互操作。

在开始过程中，智能传感网关通过两种方式来实现传感基础设施资源的汇总，一是发送网络监测和环境感知的报文来主动获取隶属于本智能传感网关的所有传感基础设施资源；二是等待底层传感终端节点主动向智能传感网关报告传感基础设施资源。

在请求过程中，应用用户主动向智能传感网关发送传感应用请求（属于 Get RequW 报文），智能传感网关收到传感应用请求报文后，根据上文提到的运行机制进行处理，然后向应用用户返回一个请求应答，通知应用用户对应的虚拟根盖网络已经形成。如果没有可用资源，同样通过请求应答来通知应用用户。在虚拟覆盖网络形成之后，智能传感网关就会向传感基础设施提供者发送信息获取报文，并将获取到的感知数据发送到对应的应用用户。当应用用户感觉所请求的上一个传感应用的资源不充足的时候，可以发送一个 Get Next Request 补充请求，然后智能传感网关会在原有传感虚拟覆盖网络的基础上进行资源的增加及感知数据的获取。

当应用用户所请求的资源使用完毕后，应用用户发送请求结束报文给智能传感网关，智能传感网关通过相应的运行机制将占有的传感基础设施资源释放，然后通知应用用户已经将所请求的传感基础设施资源释放，无法再继续使用时，智能传感网关通知为该传感应用服务的所有传感终端节点，停止感知和控制，释放占用的传感基础资源。

第三节 传感网虚拟化系统的设计与实现

一、智能传感网关设计

传感网的虚拟化可以实现传感基础设施资源的共享，本节所提出的传感网虚拟化解决方案已经初具雏形，而且在传感网虚拟化的架构中，智能传感网关是整个虚拟化系统中至关重要的一环。同时，由于智能传感网关是一个功能复杂的网络临界网关，所以智能传感网关必须伴以高速的 CPU 性能以及可观的内部存储，而软件方面则需要配备多线程的系统以及可以多个任务并行的机制，综合考虑之后本节采用嵌入式 Linux 操作系统作为智能传感网关的系统。

对于硬件平台的选择至关重要，通过调查研究发现 ARM 平台是一个理想的平台。但是，满足上述要求的硬件平台和实现方案很多，可以根据具体情况自行选择。

（一）网关软硬件设计

1.硬件设计

为满足上面构思的网关的各功能，智能传感网关必须具备高速处理器、大容量存储以及丰富的接口。因此，选择了以 ARM11 为处理器的平台，该 CPU 针对 ARM1176ZF-S 核设计。详细介绍如下：

（1）处理器和存储。S3C6410 是 Samsung 公司的一款微处理器，533MHz 的处理器频率，以及能够处理 16/32 位 RSIC 指令集，最高支持 ARM6 指令集，提供了成本低、功耗低以及高性能的解决方案，采用了 64/32 位内部总线结构，包含许多强大的硬件加速器，

上述设计的硬件电路采用 5V 直流电源供电，通过稳压器 AMS1086cM-3.3 转换为 3.3V 的电压，为外围接口等供电。

设计的硬件电路中使用了 Linux 操作系统以及相关开发工具，而相关的应用程序都是利用 QT 进行开发的。

（2）外围接口。作为智能传感网关，除所选硬件需要具备高性能的处理能力外，还必须具备丰富的外部接口，提供扩展功能，主要包含 USB 接口、串口、网络接口以及 JTAG 接口等。本节所设计的平台包括以下的平台外围接口。

网络接口使用的以太网网卡型号是 DM9000，支持自适应 10/100M 网络，每一个 ARM 平台根据需要配备有不同数量的 RJ-54 网口，由于其内部包含糊合线圈，不必另接网络变压器，因此可以与其他网络接口（如路由器或者交换机）相连，并可直接进行网络

通信，移动性强。

JTAG 接口主要用于编写系统程序以及 Boo 山）ader，接口是四线的，包括 TMS、TCK、TDLTDO，分别为模式选择、时钟、数据输入以及数据输出线，外加电源线、接地，以及复位，方便智能传感网关的调试。

硬件平台电路还附加了另外几种类型的扩展接口。一是 miniPC 加接口，该接口主要可以与 3G 模块连接，用于 3G 网络通信；二是音频的输入输出接口以及 LCD 接口，以便满足一些特殊应用环境下的应用需求。

2. 软件设计

针对上文所设计的 ARM 平台，在系统方面，采用嵌入式 Linux 操作系统作为智能传感网关的系统。这样做的原因是 Linux 操作系统是一个开源的多任务多线程且可以按需裁剪系统模块的操作系统，同时其强大的多线程的特性，为传感网络虚拟化的实现提供了强大保障。

然而，在应用开发方面，采用了普遍用于嵌入式应用开发的 QT 图形开发库，借助其强大且丰富的 API，智能传感网关应用的开发将更加容易和方便。

（二）应用分类与调度机制

传感网虚拟化的目的是打破针对特定应用的现状，实现基础网络设施的重复且有效的利用。因此，在 VSN 环境中，面对多种应用，为了实现能够流畅地为应用层提供服务，需要一定的调度机制，确保整个虚拟化网络的稳定和高效。

1. 应用分类

应用分类调度机接收来自底层的针对不同 VSN 服务请求的数据，一个特定的 VSN 会根据应用的需求而需要某种类型的数据信息，而且每种服务要求的实时性不同，有的属于紧急需求，如医院病人的健康数据；而有的属于周期性需求，如环境温度的监测。因此，根据应用服务的实时性不同情况，本节将应用分成三种不同的等级：紧急应用、中等应用、正常应用。

紧急应用，在这类应用中，应用用户所需的数据都是实时性最强的，这种应用的可靠性和延迟必须是最低的，所以这类应用请求的数据应该是最优先被调度和转发的，必须满足这类应用的实时数据的实时分析。

中等应用，这类应用所需的实时性比紧急应用低，但是也同样需要在比较短的周期内将数据发送给应用用户。虽然这类应用是周期性的，但是周期相对较短。

正常应用，对于一些需要周期较长的应用来说，可以不需要实时的数据，因为这类应用可能只是为了收集某种类型的数据来进行分析。比如现在的大数据处理，需要一个长期的数据采集过程，而不是对实时数据的实时分析。

2. 调度机制

为了满足不同传感应用的实际需要，调度机制借用了优先队列的组合方式。在每个网关的应用分类调度机中，采用了三种不同的队列，并且三种队列具备优先等级，紧急应用队列具有最高的优先权，中等应用队列的优先权居于次位，优先权最低的队列是正常应用队列。应用分类调度机利用三种不同优先级队列的选择顺序不同来实现的。

当某一应用请求的数据通过该模块的时候，分类器会将不同应用请求的数据按照数据类型放在不同的队列当中，而调度器每次从分类器选取数据转发的时候，都是按照分类等级来选择。首先，调度器检查紧急队列中是否有数据，如果有数据就按照紧急队列中的数据的先后顺序进行转发。如果紧急队列中没有数据，那么再去检查中等队列，按照中等队列中的数据的先后顺序进行转发。当中等队列和紧急队列中都没有应用数据的时候，调度器这时候就开始转发正常队列中的数据。

3. 虚拟覆盖网络形成

为了实现传感网虚拟化解决方案，最为关键的部分就是虚拟覆盖网络的形成，这一环节的好坏将直接决定本节提出的传感网虚拟化解决方案的成败。

为实现传感网的虚拟化，以往的方案常常是以数据为中心进行节点的抽象，将所有需要的传感终端节点的数据存放于服务器作为虚拟终端，并添加与其余传感终端节点的链路联系，以此模拟一个虚拟的节点网络达到虚拟化的效果。而本节采用了一种不同的实现方案，本节用在智能传感网关实现虚拟覆盖网络的方式来实现对底层传感网络的虚拟化，而且虚拟网络表不是以数据为中心的，而是以传感终端节点的唯一标识、链路状态及功能来描述的。这样有利于传感基础设施资源的整合，充分发挥传感基础设施资源的作用。

为了根据传感应用形成虚拟覆盖网络，本节设计了两个表来为虚拟覆盖网络的形成作支撑：第一个是虚拟网络表，这个表的目的是虚拟覆盖网络的基础，对于每一个传感应用，智能传感网关都会根据传感应用的要求形成这样一个虚拟网络表，这个表中记录了所有为该传感应用的服务的传感终端节点以及节点之间的连接。第二个是虚拟资源表，该表记录了属于以 Sink 为中心的所有传感终端节点的资源情况，包括可用的节点存储情况、可运行的感知应用数量和种类等方面，这个表的主要目的是支撑虚拟覆盖网络的形成，并且为传感应用所需的传感基础设施资源的分配提供依据。

虚拟传感网络的形成过程：用户的某一传感应用请求报文到达智能传感网关，智能传感网关对其进行应用分析以及应用匹配。首先分析属于哪种类型的传感应用，然后对虚拟资源表进行应用资源的匹配，选择符合该传感应用的传感终端节点，然后在网络类型索引表中添加属于该传感应用的索引项，并按照所选择出的传感终端节点形成虚拟网络表，这样一个虚拟覆盖网络便形成了。该虚拟覆盖网络是一个专有的为这个传感应用提供数据服务和控制服务的。最后，智能传感网关更新虚拟资源表，并且通过简单网络管理协议通知被选择的传感终端节点，为该传感应用提供所需的服务。

对于传感网络来说，不管是基于 IPv6 的 6MWPAN 传感网络，还是非 IP 的 ZigBee 传感网络，还是 Blueloolh 传感网络，每一个传感设备都具备唯一的 MAC 地址。本节利用此 MAC 地址作为传感终端节点的唯一身份表示，虚拟网络表的每一个条目都是以此为唯一标识。

本节采用加权无向图的矩阵方式实现虚拟网络表，该表中将隶属于本网关路由器下的全部传感终端都涵盖，以 MAC 地址唯一标识每一个传感节点，表中交叉点的权值表示两个连通的传感终端节点之间链路的状态。对于不同的传感网络来说，每一个 Sink 接入点对应不同类型的传感网络。本节设计了用不同的标识来区分传感网络的类型，由于传感网络的类型种类较多，而且会随着技术发展出现不同的网络类型，这个可以根据实际情况进行适当的调整。在智能传感网关中，还存在着一个记录网络类型的表，作为对 Sink 节点对应网络的索引，该表是以 Sink 节点为关键词，因为每一个 Sink 节点对应着一种网络类型的小范围的传感网络，同时 Sink 节点的唯一标识用 MAC 地址来表示。

描述资源虚拟化表的结构，这个表示每 fvink 网络中的全部传感终端节点的资源描述。表中的资源描述包含每一个传感终端节点的唯一标识、所属的 Sink 节点的 ID 及其网络类型、运行的应用种类和类型以及资源利用情况等方面。需要注意的是，资源虚拟化表中不包含节点感知的实际数据；本节虚拟资源表设计的目的是在智能传感网关上整合传感网可以提供的所有传感基础设施资源概况，以一种更加方便快捷的方式为应用服务提供基础资源的选择。

网络资源虚拟化模块除了以上描述的虚拟网络表和资源虚拟化表的实现外，还有一个更重要的作用。传感基础设施的部署都是为应用服务的，为了使已经部署的传感基础设施资源为多个的应用服务，本文设计了这样一种方案：对于每一个用户发出的 VSN 请求，智能传感网关都会通过查找资源虚拟化表以及虚拟网络表来匹配合适的传感基础设施资源，然后根据查找的结构形成一个新的 VSN 网络应用表，这个表只负责为这个 VSN 网络提供资源和服务。同时网络和资源表中的各项参数被更新。

因此，对应于每一个不同的传感应用，智能传感网关都会形成针对这一特定应用的虚拟网络表，只负责为该传感应用提供资源服务。当智能传感网关检测到某一 VSN 网络服务停止后，智能传感网关会将对应的虚拟网络表删除，并通知传感终端节点释放被占用的传感基础设施资源，并更新网络和虚拟资源表中的各项参数，为其他的传感应用做准备。

二、传感终端设计

（一）终端软硬件设计

1. 硬件设计

传感终端节点采用 ARM 系列的 CPU，配备 32M 的存储器和内存。相对来说，芯片的资源十分丰富，能够满足传感网的大部分应用需求，并且具备体积小、接口丰富、易于使用等特点。

串口和 USB 接口结合使用，目的是用于串口工具传输数据，方便传感终端节点的程序调试。晶振模块，用于系统时钟的正常运行，以及各种定时器。

JTAG 模块用来进行系统烧写，如操作系统程序到传感终端节点中。

I/O 模块将所有 I/O 的引脚引出，负责所有输入输出接口的管理，目的是用于传感基础设施提供者部署不同的传感器。

射频模块，该模块用于适配不同的通信标准，可以支持多种通信类型的传感网络。

2. 软件设计

在操作系统方面，本节选择嵌入式 Linux 操作系统，该系统是一个多任务多线程的操作，具备良好的实时性能、较高的稳定性、安全性等特点，并且可以根据实际需要进行裁剪，有助于虚拟抽象层的实现，为实现传感网的虚拟化方案奠定基础。

（二）虚拟抽象层设计

为了实现传感终端节点能够同时运行多种应用，同时不影响已经部署的应用，以及传感网络的虚拟化的实现，本节提出了一种在传感节点内部实现的方案，即在传感节点内部提供了一个虚拟抽象层，这个层的主要作用是对传感终端节点上各种基础资源进行抽象化，包括对输入输出接口的抽象并形成 API 接口、系统功能的抽象以及相应 API 接口的封装等。通过虚拟抽象层来共享传感终端节点的基础设施，传感终端节点可以同时支持多个应用同时执行，并且每一个应用的运行都是相互独立的。

在传感网虚拟化环境下，由于传感基础设施提供者对底层的物理基础设施拥有绝对的控制权，因此可以提供底层传感终端设备的各种不同部署方案，并且为传感节点配备相应的多种应用，这样既可以满足不同的应用需求，也能够充分利用传感基础设施的资源，提高资源的充分利用。

本节提出的虚拟抽象层方案，是在传感节点的系统层和应用层之间设计一个虚拟抽象层，通过运行时的 API 接口来与传感节点硬件资源通信，实现底层硬件的重复性使用，不被某个感知应用独占。

本节实现的虚拟抽象层主要包含以下几个部分：

1. 输入输出接口（I/O）

这一部分有两种类型的接口组成：感知 I/O 组件、网络 I/O 组件。感知 I/O。组件提供了对传感节点上面所有用来感知的输入输出接口的抽象，应用可以通过感知 I/O。组件来与节点的 I/O 接口通信，实现感知任务，并提供了应用访问的接口的调度，确保每个应用运行时候的隔离。同时，网络 I/O 组件则提供了传感终端节点网络接口的抽象，并为接收和发送消息提供了异步的 API 支持。该组件支持应用分类调度机制，通过优先队列的形式来满足应用的请求需求。

2.Runtime API 层

该层为传感节点上的应用提供了丰富的 API 接口，每一个应用在运行时候，都可以随时调用相应的 API 接口，完成应用任务，或者是感知环境参数，或者是实现反向控制功能。

3. 应用管理

该部分主要负责对部署在传感节点上的所有应用的管理，包括每种应用的身份识别、应用占有资源、应用调度等一系列任务。

通过虚拟抽象层的实现，传感终端节点可以实现多任务多应用化，可以充分利用传感终端节点的资源，并且为传感网的虚拟化奠定了基础。

三、智能传感网关通信

（一）智能传感网关与应用用户

对于应用层用户来说，无须了解底层传感网络部署的具体细节，只需要向对应的传感基础设施提供者发送应用请求即可。通常，请求被发送到传感网络的智能传感网关。

传感网虚拟化的实现需要解决的一个难点是接口的统一问题，因此，设计一个统一的访问接口，应用层用户和传感虚拟化网络服务提供者可以通过这个通信接口对底层的传感基础设施提供者发出 VSN 请求。本节设计的统一开放接口是根据通信协议来实现的，是统一的 VSN 请求通信协议报文格式，这个报文利用简单网络管理协议的 Get Request 类型的请求报文进行设计。

SVNSP 为实现某一特定服务，需要向 SInP 发送 VSN 请求，当属于某一个 SInP 的智能传感网关收到这个 VSN 请求的时候，会检索本身已经形成的虚拟网络表，如果有满足 SVNSP 要求的资源，那么会形成一个专属于这个 VSN 请求的虚拟网络表，对应于这个表中的资源都是为该 VSN 服务的。同时，智能传感网关会发送该 VSN 请求到相邻的智能传感网关上，每一个收到该 VSN 请求的智能传感网关都会做同样的动作。这样一来，就可以形成为某一特定应用服务的虚拟表，对应于某一个 VSN。

如果新的 VSN 请求被接收到，那么会执行同样的操作，除非某一个节点的资源已经被消耗完毕，否则智能传感网关会将其加入到新的应用请求的虚拟网络表中，形成新的 VSN，为某一特定应用服务。如此一来，传感网络不在只为某一用户服务，而是可以被不同的用户所使用，大大提高传感网络资源的利用率。

（二）智能传感网关之间

传感网中的智能传感网关是平等的关系，不存在主次先后情况。所以，智能传感网关之间的通信方式根据应用路由转发表的规则，并且转发来自用户或者 SVNSP 的应用服务请求命令。应用路由转发表不同于一般的 IP 路由转发表，这是在应用层实现的应用路由表，记录与本智能传感网关相邻的所有智能传感网关的 IP 地址和转发规则。

当本智能传感网关的应用路由转发表中有条目的时候，智能传感网关会将来自应用层用户或者 SVNSP 的 VSN 请求转发到其中每一个相邻的智能传感网关，但是有一个条目除外，那就是往该智能传感网关发送 VSN 请求的相邻智能传感网关。除了传来请求方向的智能传感网关外，如果该智能传感网关的应用路由转发表中没有其他转发项，那么就停止请求的转发。对于接收到的相同的应用请求，智能传感网关会将后来的请求丢弃。

四、体统实现与分析

通过以上描述，可以对传感网虚拟化解决方案有一个整体性的认识。为了验证传感网虚拟化可以提高传感资源的利用率以及充分发挥传感网的基础作用，建立了一个实验性传感网络，在两种应用场景中实现传感网虚拟化解决方案，并通过实验对比进行了验证和分析。

（一）实验环境搭建

为了进行验证分析，本节建立一个实验性传感网络。但是，由于传感网的底层通信标准可以采用多种类型（如 IEEE802.15.4、Wi-Fi、2G/3G 等），外加实验室环境的受限，搭建的网络只选择了 IEEE802.15.4 和 WiFi 两种类型通信标准的传感网络。

1.IEEE802.15.4 与 Wi-Fi

IEEE802.15.4 描述了低速率无线个人局域网的物理层和媒体接入控制协议，属于 IEEE802.15 工作组。在 868/915、2.4GHz 的 ISM 频段上，数据传输速率最高可达 250kbps，其低功耗、低成本的优点使它在很多领域获得了广泛使用。

Wi-Fi 是一种可以将个人电脑、手持设备等终端以无线方式互相连接的技术，是一个高频无线电信号，目的是改善基于 IEEE8O2.i5 标准的无线网络产品之间的互通性，将电子终端以无线的方式互相连接。

2. 网络部署情况

通过在校园内部署两种情况下的传感网来进行验证分析。

第一种网络部署情况，楼宇内部部署。本节在整个一层楼内部部署若干传感终端节点，每个传感终端节点上都配备有不同类型功能的传感器，包括温湿度传感器、烟雾传感器、热释电红外传感器以及光照传感器。

第二种网络部署情况，室外草地部署。在校园内的草地上部署实验传感网络，其中每个传感终端节点上面安装多个传感器，传感器类型有土壤温湿度传感器、土壤酸碱度传感器、雨滴检测传感器以及滴灌控制器。

（二）应用场景设计与分析

1. 第一种应用场景

这种应用场景的设计是针对第一种网络部署情况来设计的，在这种场景中设计了两种不同的传感应用：第一个应用是室内环境参数检测，主要包括室内温度湿度的检测、烟雾情况的检测、室内光照强度的检测以及利用热释电红外传感器对楼内房间人员流动检测；第二个应用是消防安全监控，该应用是基于室内温湿度的变化情况以及室内的延误浓度状况。并且，这两种类型的应用共享底层的传感网络和所有类型的传感器。

针对第一种应用场景，本节对搭建的实验网络进行了实际参数的采集和显示。主要实现了该系统中的环境监测模块以及消防安全监控模块的设计和实现。在这种情况下，虽然两个传感应用共享底层设施，但是两者所使用的传感资源可能处于不同类型的网络中，无法直接给用户使用，所以智能传感网关会屏蔽底层异构网络，选取对应基础资源形成两个不同的虚拟覆盖网络，一个网络为环境参数检测提供数据服务，一个网络为消防安全监控提供服务，通过虚拟覆盖网络为不同的传感应用提供统一的服务。

对消防安全模块进行了设计和实现，该模块中使用到了底层的多种传感器，主要有温度传感器、湿度传感器以及烟雾传感器等。通过对这些传感器的数据采集来监测房间内的安全情况，以防止发生消防事故。对部署的传感器进行了一段时间的数据采集，本节主要对室内的传感器进行了数据的采集和显示，通过对底层不同传感器的数据的采集，可以实时监测此时室内的各种环境参数的情况。

2. 第二种应用场景

针对第二种草地的网络部署情况，本节设计了第二种应用场景。在该场景中，每一个传感终端节点都安装了上述的四种传感器中的一种或几种。为了实现对传感基础设施资源的充分利用，本节针对上面四种不同的传感器设计了不同的传感应用，分别是土壤温湿度检测、土壤酸碱度以及是否下雨检测，提供给不同用户使用。

在传统的传感网中，当用户需要获取某一种类型的传感数据时，传感终端节点会把所有的感知数据全部上传给用户，让用户来进行数据分离，增加了应用开发的复杂性。然而，在本节提出的虚拟化方案中，不同应用用户可以根据自身需求向智能传感网关发送指令，然后获取在网关上形成一个针对该需求的虚拟覆盖网络，然后通知传感节点只需上传用户所需要的感知数据即可，这样实现了传感基础资源的合理利用，同时共享了传感基础硬件设施。

本小节的分析主要是针对上面的第二种应用场景。由于在这种情况下每个传感终端节点都有多种传感器，所以本节提出的内存使用率是指传感终端节点上传感应用运行时占用的内存大小与全部内存的比值，通过分析传感终端节点上的内存使用率来说明传感网虚拟化解决方案的性能。

参考文献

[1] 龚星宇 . 计算机网络技术及应用 [M]. 西安：西安电子科学技术大学出版社，2022：2.

[2] 王崇刚，王道乾，杨斌主编 . 计算机网络技术基础实训 [M]. 北京：航空工业出版社，2021：8.

[3] 王崇刚，王道乾，李黔 . 计算机网络技术基础 双色版 [M]. 北京：航空工业出版社，2021：8.

[4] 李建辉，武俊丽 . 计算机网络控制技术研究 [M]. 吉林出版集团股份有限公司，2021：7.

[5] 邵云蛟 . 计算机信息与网络安全技术 [M]. 南京：河海大学出版社，2020：12.

[6] 韩坤 . 计算机虚拟技术在计算机教学中的应用探析 [J]. 电脑知识与技术，2021（20）：221-222.

[7] 朱崇孝 . 计算机虚拟技术在计算机教学中的应用探析 [J]. 数码设计（下），2021（5）：293.

[8] 尤姗姗 . 计算机虚拟技术在计算机教学中的应用研究 [J]. 计算机产品与流通，2021（1）：217-218.

[9] 王钧 . 计算机虚拟技术在计算机教学中的应用 [J]. 数码设计（下），2020（6）：179.

[10] 黄为 . 计算机虚拟技术在计算机教学中的应用探析 [J]. 中国多媒体与网络教学学报（中旬刊），2019（10）：139-140.

[11] 汤宇恒，葛立国，冯爽 . 计算机网络技术与应用 [J]. 数码设计（上），2020（3）：28-29.

[12] 雷占鑫 . 计算机网络技术及其应用 [J]. 智库时代，2021（36）：168-170.

[13] 张东其 . 现代计算机网络技术与应用 [J]. 时代汽车，2021（17）：40-41.

[14] 高敬瑜 . 浅谈计算机网络技术与安全管理维护 [J]. 中国战略新兴产业，2022（29）：100-102.

[15] 刘磊 . 现代计算机网络技术与应用 [J]. 信息与电脑（理论版），2020（16）：176-177.

[16] 王大飞，尚茜 . 计算机网络技术的应用与发展 [J]. 新一代信息技术，2020（14）：

36-39.

[17] 张华欣 . 计算机网络技术的应用及安全防御 [J]. 科技视界，2023（2）：52-55.

[18] 曹祖军 . 计算机网络技术的应用及安全防御技术 [J]. 中国新通信，2022（4）：110-112.

[19] 王璐，崔丽红 . 计算机虚拟现实技术 [M]. 延吉：延边大学出版社，2022：3.

[20] 钟玉琢主编；沈洪，吕小星，朱军等编 . 多媒体计算机与虚拟现实技术 [M]. 北京：清华大学出版社，2009：11.

[21] 金瑛浩 . 计算机虚拟现实技术研究与应用 [M]. 延吉：延边大学出版社，2020：6.

[22] 梅创社主编 . 计算机网络技术 [M]. 北京：北京理工大学出版社，2019：11.

[23] 叶勇健，陈二微，林勇升主编 . 计算机网络技术 [M]. 北京：北京理工大学出版社，2018：08.